Le roman à éditeur

Publications Universitaires Européennes
Europäische Hochschulschriften
European University Studies

Série XIII
Langue et littérature françaises

Reihe XIII   Series XIII
Französische Sprache und Literatur
French Language and Literature

Vol./Band 140

PETER LANG
Berne · Francfort-s. Main · New York · Paris

Bongjie Lee

Le roman à éditeur

La fiction de l'éditeur dans
La Religieuse, La Nouvelle Héloïse
et Les Liaisons dangereuses

PETER LANG
Berne · Francfort-s. Main · New York · Paris

CIP-Titelaufnahme der Deutschen Bibliothek

Lee, Bongjie:
Le roman à éditeur: la fiction de l'éditeur dans La religieuse,
La nouvelle Héloïse et Les liaisons dangereuses / Bongjie Lee.
– Berne; Francfort-s. Main; New York; Paris; Lang: 1989
    (Europäische Hochschulschriften: Reihe 13, Französische Sprache
    und Literatur; (Publications universitaires européennes: Sér. 13,
    Langue et littérature françaises; Vol. 140)
    ISBN 3-261-03987-6
NE: Europäische Hochschulschriften 13

Je remercie le Graduate School de Northwestern University
pour la bourse (Dissertation Year Grant) qui m'a permis de
faire des recherches à Paris, l'été 1987.

© Editions Peter Lang SA, Berne 1989
Successeur des Editions
Herbert Lang & Cie SA, Berne

Tous droits réservés.
Reproduction ou réimpression, même partielle, interdite par n'importe quel procédé,
notamment par microfilm, xérographie, microfiche, microcarte, offset, etc.

Impression: Weihert-Druck GmbH, Darmstadt (RFA)

TABLE DES MATIERES

Introduction 1

I __ Les fonctions de l'éditeur 17

II __ La fiction de l'éditeur et la théorie du roman:
L'éditeur dans la préface

    1. Introduction 61

    2. Un roman à éditer en raccourci:
la Préface-Annexe de La Religieuse 74

    3. La vérité de l'homme naturel:
La Nouvelle Héloïse 91

    4. L'éditeur devient dangereux:
Les Liaisons dangereuses 115

III __ La rhétorique de la lecture:
L'éditeur dans le corps du roman

    1. Introduction 125

    2. La présence insolite : l'intervention directe
de l'éditeur dans La Religieuse 145

    3. Rousseau ou le nouveau lecteur 154

    4. L'éditeur et l'ambiguïté morale des Liaisons
dangereuses 187

Conclusion: le roman à éditeur et
           l'idéologie sexuelle 219

Notes et Références 229

Bibliographie 255

INTRODUCTION

Nous entendons par le néologisme "roman à éditeur", le roman dans lequel l'auteur s'efface derrière le masque de l'éditeur fictif: en prétendant n'être qu'un éditeur, l'auteur se distancie de son oeuvre et donne ainsi l'impression que ce que le lecteur lit n'est pas une oeuvre littéraire mais un écrit authentique. Le rôle principal du personnage de l'éditeur consiste donc à accréditer l'authenticité du manuscrit auprès du lecteur. En effet, dans le roman du XVIIIe siècle, "l'Avertissement de l'éditeur" ou "l'Avis de l'éditeur" comportent le plus souvent une petite histoire où le prétendu éditeur explique les circonstances les plus diverses de l'édition: la découverte du manuscrit, la vie de l'auteur, les particularités concernant la rédaction du manuscrit en question, ou l'histoire de la publication, bref, toute une série de renseignements supplémentaires qui renforcent l'illusion de l'authenticité.

Cet ensemble de techniques génératrices de l'illusion, nous le distinguons du "roman à éditeur" en le nommant "la fiction de l'éditeur". Quoique "la fiction de l'éditeur" se développe le plus souvent dans la partie préfatoire et dans les notes, elle n'équivaut pas à une partie spécifique du texte. C'est plutôt une entité conceptuelle dont l'appartenance dépend de la présence ou l'absence de l'éditeur fictif dans le texte mais non pas de celle d'un certain segment textuel. En ce sens, "la fiction de l'éditeur" est un concept plus large que "le roman à éditeur": si elle constitue une condition nécessaire du "roman à éditeur", son emploi ne se limite pas au genre romanesque. Dans une pièce de théâtre comme Le Fils naturel par exemple, Diderot a recours à cette technique quand il présente la pièce comme une transcription fidèle d'une représentation réelle, complétée par le manuscrit écrit par Dorval: si dans le prologue du Fils naturel, Diderot n'explique pas comment il a pu transcrire la dernière scène qu'il "n'entendi[t] pas", "l'Introduction" des Entretiens sur le Fils naturel ne laisse aucun doute sur le fait que c'est le manuscrit que Dorval lui a communiqué dont "Moi" (Diderot) tient sinon la pièce entière, au moins la dernière scène.

Pourtant, la manifestation la plus caractéristique de "la fiction de l'éditeur" se trouve dans les romans du XVIIIe siècle: en tant que genre naissant, le roman trouve une justification de son existence dans "la fiction de l'éditeur" dans la mesure où elle réconcilie la fictivité inhérente au genre et l'esthétique contemporaine qui ne distingue pas l'illusion imaginaire de l'illusion littérale.[1] D'ailleurs, nous constatons une diversité étonnante dans la manière dont le romancier du XVIIIe siècle exploite "la fiction de l'éditeur": au cours du siècle, elle dépasse la limite de la partie préfatoire pour s'étendre jusqu'au "corps" du roman; de plus, elle ne sert pas seulement de technique d'illusion mais aussi de directive de la lecture.

Il est vrai que la présence de l'éditeur dans le roman n'est pas une nouveauté. Déjà dans Don Quichotte, l'auteur de la seconde partie assume un rôle semblable à celui de l'éditeur fictif: il découvre le cahier contenant le manuscrit arabe du Cid Hamete Benengeli, et en fait des commentaires. Pourtant, ce personnage ressemble plus au narrateur extradiégétique [2] du roman encadré que l'éditeur fictif du "roman à éditeur" : entre l'instance narrative de cet éditeur et celle du narrateur principal de Don Quichotte, il n'y a aucune différence formelle tandis que dans "le roman à éditeur" en général, "la fiction de l'éditeur" est limitée le plus souvent à un espace restreint, à savoir, à la partie préfatoire, aux notes et quelquefois à l'appendice.

Or, sur le plan formel, l'éditeur du "roman à éditeur" ressemble au "libraire" de La Princesse de Clèves dont l'instance narrative se distingue clairement de celle du narrateur. Cette affinité formelle est naturelle vu que le propre du "roman à éditeur" réside dans l'appropriation de l'autorité impersonnelle de l'éditeur réel: en présentant le texte de l'éditeur fictif séparemment de celui des personnages-narrateurs, le roman à éditeur lui confère un statut "hors-texte". Toutefois, il existe une différence fondamentale dans la fonction des deux éditeurs en ce sens que l'un reste à l'extérieur du roman tandis que l'autre en fait partie intégrante: "le libraire" n'est pas un dédoublement de l'auteur mais un simple donneur de renseignements qui n'ont rien à voir avec l'univers romanesque tandis que dans "le roman à éditeur" on est inévitablement entré dans le roman dès la préface de l´éditeur.

En effet, la partie préfatoire du "roman à éditeur" est inexorablement liée au "corps" du roman tout en étant une histoire à part. Car d´un côté, elle est subordonnée au manuscrit en ce sens qu´il n´a sa raison d´être que par rapport au manuscrit qu´elle explique. D´un autre côté, elle a une unité narrative indépendante du manuscrit dans la mesure où elle constitue un niveau fictif bien distinct de celui du "corps" du roman. Ainsi "L´Editeur au Public", la partie préfatoire de <u>l´Ami de la Fortune</u> de Maubert de Gouvest par exemple, a un rôle double. D´abord elle garantit l´authenticité du manuscrit en expliquant la circonstance de sa rédaction:

> Feu M. le Marquis de Saint A*** est mort en 1745 d´une maladie de langueur, qui lui étoit restée de ses fatigues dans trois campagnes en Allemagne. Il fut environ cinq mois à s´approcher insensiblement du tombeau; & dans la mélancolie qui le saisit, incapable de soutenir la compagnie, il s´amusa à écrire ces Mémoires. Chargé de leur Edition, je ne leur ai donné que des points & des virgules, qui leur manquoient. J´aurois cru leur ôter de leur prix, si j´avois relevé des agrémens de mode leur noble simplicité [...]. [3]

Il est vrai qu´à cette époque, un lecteur éclairé ne serait pas dupe de cette prétention: en réalité, non seulement le manuscrit mais aussi le Marquis de Saint A*** n´existent pas; le respect que l´éditeur montre envers le manuscrit est feint. Car le vrai auteur de ces Mémoires n´est autre que Maubert de Gouvest qui parle par la bouche d´un personnage fictif, c´est-à-dire, de l´éditeur. Pourtant, il n´en reste pas moins que cette préface joue un rôle actif dans le roman. Car si elle cesse de créer l'illusion de l'authenticité auprès du lecteur éclairé, elle ne perd pas pour autant sa valeur narrative: elle résout un problème fondamental de la narration à la première personne en fournissant le récit de la mort du narrateur. D'ailleurs, la mention des "trois campagnes en Allemagne" prédispose le lecteur pour un mode particulier de la lecture en jouant le rôle des prolepses. [4]

D'autre part, cette préface est déjà un roman en raccourci avec ses propres personnages. Il est vrai qu'ici, cette histoire n'est pas assez développée pour constituer une fiction accomplie. Pourtant, dans un roman comme L'Illustre Païsan ou Mémoires et Avantures de Daniel Moginié, [5] la partie préfatoire comporte une histoire si complexe qu'elle est même plus intéressante que le manuscrit insipide qu'elle introduit.

Il s'agit ici de l'histoire de la quête de l'héritage. Daniel Moginié, un aventurier suisse, est allé en Inde et devenu un dignitaire de ce pays. Il a aussi épousé une princesse. L'histoire commence après la mort de ce personnage. Le roman s'ouvre sur un "Avis essentiel au lecteur" où l'éditeur montre un article qu'il prétend trouver dans un journal: "Le 18 Octobre 1750. On vit à Londres cet Article à la suite des Nouvelles ordinaires". [6] Dans cet article, "le Colonel Du Perru au Service du Grand Mogol" avertit François Moginié que son frère Daniel Moginié "appelé Prince Didon & Indus, [...] Chambellan, & Généralissime chez le Grand Mogol" est mort et qu'il lui a laissé une immense fortune. La deuxième lettre est la réponse de François Moginié au Colonel Du Perru. Après avoir échangé quelques lettres, ces deux personnages partent ensemble pour Agra parce qu'il faut résider à Agra pour prétendre à l'héritage. La troisième lettre du roman est du "Directeur du Comptoir Anglois de Surate, à Mr. Richard Tomlinson," la personne qui a prêté à François l'argent nécessaire pour le voyage. Dans cette longue lettre, le Directeur, tout en corrigeant les erreurs des informations du Colonel (en réalité capitaine), ne laisse pas d'admettre la vérité fondamentale de l'histoire de Daniel Moginié. La mention du cahier de Daniel Moginié ne vient que vers la fin de cette lettre:

> Dès le jour de son Audience du Nabab, Ce ministre lui [François Moginié] remit un gros Cahier, écrit en François, dont le Défunt l'avoit fait Dépositaire, sous parole de le donner à son Frère François; & si cinq ans après sa mort publiée en Europe, ce Frère ne donnoit pas de ses nouvelles, l'Omrah [Daniel Moginié] avoit exigé que le Cahier original seroit envoyé à l'Ambassadeur de France à Constantinople, afin que, par celui de Suisse, il le fit parvenir à ceux de son Nom, qui sont dans le Païs de Vaud. Ce Cahier n'est pas autre chose que l'Histoire ou la Vie de l'Omrah.[7]

Le directeur envoie une copie de ce cahier à Mr. Tomlinson à qui il demande "d'en confier l'Edition à quelque Libraire de Suisse afin que se faisant sous les yeux, pour ainsi dire, de ceux qui connoissent l'Omrah, & sa famille, le Public ait une raison de plus pour ne pas confondre cette Histoire avec les Apocriphes". Ce qui fait de cette histoire une fiction accomplie, c'est la lettre de François au directeur. Dans cette lettre, François explique non seulement son aliénation dans un pays étranger où il ne connaît personne mais aussi son inquiétude sur la question de l'héritage. Après la lecture de la partie préfatoire, le lecteur est donc plus curieux sur le sort de François Moginié que sur les aventures extravagantes de son frère.

La partie préfatoire du "roman à éditeur" fait donc partie intégrante du roman, cela, dans deux sens. D'abord, c'est parce qu'elle est indispensable à la lecture, ayant un rapport organique avec le manuscrit qu'elle introduit. Ensuite, en ce sens que comme partie du roman, elle partage son attribut essentiel, c'est-à-dire, la capacité d'amuser: les éléments romanesques qu'elle comporte intéressent le lecteur non seulement en fonction du récit principal mais aussi en tant qu'histoire indépendante. Cette double fonction est manifeste dans <u>Humphry Clinker</u> de Smollett où Henry Davis, "Bookseller, in London", ajoute un post-scriptum à sa lettre préfatoire:

> My wife, who is very fond of toasted cheese, presents her compliments to him [cousin Madoc], and begs to know if there's any of that kind, which he was so good as to send last Christmas, to be sold in London.[8]

Outre qu'il renforce l'illusion de l'authenticité, ce post-scriptum augmente le plaisir de la lecture. Car, si la mention du "toasted cheese" rend plus vrai le caractère du "bookseller", en même temps, elle fait sourire le lecteur qui voit ici une demande indirecte du cadeau (d'ailleurs, Henry Davis fait cadeau d'"Almanack" et de "Court-kalender" à son cousin). Smollett, tout en imitant la corresponance réelle d'un "bookseller in London", n'oublie pas que la préface de l'éditeur" est une partie du roman et qu'elle doit se conformer à l'exigence du genre dont le premier principe réside dans l'amusement du lecteur.

La même variété existe dans la façon dont le romancier du XVIIIe siècle utilise les notes. Pour "la fiction de l'éditeur", ce qui importe dans les notes est pourtant moins ce qu'elles présentent que ce qu'elles représentent: l'existence matérielle des notes est aussi éloquente que leur contenu en ce sens que les notes signalent l'existence d'un agent qui prend ses distances vis-à-vis du texte qu'il annote. Aussi une seule note suffit-elle pour faire d'un texte un "roman à éditeur". <u>Valmore, Anecdote françoise</u> est un exemple du "roman à éditeur" où l'existence de l'éditeur n'est indiquée que par une seule note. Au début du roman, la note en bas de la page explique le mobile qui pousse Valmore à publier "le tableau fidèle de [ses] malheurs":

> Valmore avoit reçu une lettre anonyme au fond de sa prison. Dans cette lettre, on déploroit beaucoup son sort, & on l'invitoit à publier son histoire. [9]

Malgré l'absence totale de partie préfatoire, on comprend instantanément que c'est l'éditeur qui parle dans cette note. Car qui peut annoter le manuscrit sinon celui qui édite les mémoires?

Un autre exemple du cas limite du "roman à éditeur" est <u>les Mémoires de M. Le Marquis de S. Forlaix</u> [10]: si la note unique du <u>Valmore</u> joue le rôle de préface, ici, elle sert d'épilogue. Dans la dernière lettre du roman, Mme de S. Forlaix, nouvellement mariée, prie son oncle qui jusqu'ici s'est opposé à son mariage avec M. de S. Forlaix, de venir les rejoindre dans leur nouveau ménage. L'éditeur complète le "happy-ending" en ajoutant une note à cette invitation:

> M. de Prêle s'est rendu aux solicitations de sa nièce.
> Il a cru d'après elle, qu'on pouvoit être heureux en
> aimant beaucoup. Il n'y a pas d'apparence qu'il s'en
> soit repenti. [11]

Dans Valmore aussi bien que dans les Mémoires de M. Le Marquis de S. Forlaix, les notes de l'éditeur sont moins une technique de l'illusion qu'un moyen de suppléer à la narration. En effet, à mesure que "la fiction de l'éditeur" devient plus complexe, elle dépasse la fonction initiale du trompe-l'oeil pour devenir une technique dont l'influence sur la lecture est globale. Dans La Paysanne pervertie [12] par exemple, les notes non seulement suppléent à la narration en fournissant des informations supplémentaires mais dirigent aussi la lecture par des commentaires moraux. D'ailleurs, dans cette oeuvre, on voit plusieurs niveaux de "la fiction de l'éditeur": d'abord, Gaudet, le personnage qui joue le rôle du séducteur dans le roman devient éditeur quand il ajoute ses réflexions dans les notes; ensuite, l'instance narrative de Pierre R*** qui recueille et annote la correspondance de son frère et de sa soeur; troisièmement, celle de "l'éditeur" anonyme qui publie le manuscrit qu'il a reçu de Pierre. Cette multiplication des personnages de l'éditeur dans le roman brouille la ligne de démarcation entre le monde romanesque et le monde réel. Car ici, le lecteur devient en quelque sorte un personnage du roman quand il complète par sa lecture la chaîne de la lecture commencée dans le roman: en y ajoutant un quatrième niveau de lecture, le lecteur imite le modèle dialogique de la lecture mise en abîme par les trois éditeurs fictifs.

"La fiction de l'éditeur" n'est pas limitée à la partie

préfatoire et aux notes. En effet, le romancier du XVIIIe siècle fait des parties diverses du roman le terrain de l'éditeur. Dans L'Histoire de Miss Honora, [13] "la fiction de l'éditeur" se développe surtout dans l'appendice. Ce roman comporte trois lettres à part, intitulées "Lettres pour servir à L'Histoire de Miss Honora". Ces lettres complètent "la fiction de l'éditeur" esquissée dès "L'Epître dédicatoire" où l'éditeur dédie son ouvrage à un auteur anglais anonyme dont l'ouvrage, prétend l'éditeur, sert d'original à Miss Honora.

La première lettre est d'un "Neveu de l'Auteur de la Brochure angloise, intitulée Histoire de Fanni, à l'Editeur des Lettres de Miss Honora". Dans cette lettre, le neveu accuse l'éditeur de Miss Honora d'avoir pris la liberté de transformer un roman à la troisième personne en un roman épistolaire et d'avoir ridiculisé son oncle dans son "Epître dédicatoire". Ce manque de respect de la part de l'éditeur est, selon le neveu, un acte ingrat: "Vous lui aviez assez d'obligation, pour ne pas prendre avec lui ce ton railleur & frivole, qui plaît à votre Nation, mais que la nôtre n'aime guère, & pardonne encore moins". [14] Il joint à sa lettre une lettre de M. A***, l'ami de "l'Auteur anglois" pour montrer la personnalité excentrique mais "d'ailleurs estimable" de son oncle.

La troisième lettre est la réponse de l'éditeur de Miss Honora au Neveu. Dans cette lettre, tout en acquiesçant à l'accusation de plagiat, l'éditeur met en valeur l'originalité de son adaptation:

> Vous vous êtes donné la peine, à ma décharge, d'apprendre au Public François, que le fond de l'Histoire de Miss Honora se trouve dans celle de Miss Fanni. [...] C'étoit [Miss Fanni] un beau canevas: mais à dire le vrai, ce n'étoit que cela. Il s'agissoit de le remplir, & c'est ce que je me flatte d'avoir fait avec le secours de divers papiers originaux qui ont été trouvés dans le cabinet de Mylady Rosamor, après son décès arrivé tout récemment à St. Germain en Laye, & desquels vraisemblablement M. votre Oncle n'a pas eu la moindre connaissance. [15]

L'adaptation est donc plus authentique que l'original dans la mesure où si le fond de l'Histoire de Miss Honora est puisé de Miss Fanni, une partie des lettres qui la constituent est authentique. Malgré sa complexité extrême, cette "fiction de l'éditeur" en elle-même ne constitue pas un cas extraordinaire de la convention de l'éditeur. Nous le verrons, "la fiction de l'éditeur" comporte souvent tout un jeu de cache-cache. Ce qui distingue Miss Honora de la convention du "roman à éditeur", c'est la place des trois lettres qui expliquent "l'histoire du roman" de Miss Honora: à la différence de la pratique générale du "roman à éditeur", ces trois lettres sont placées à la fin du roman. Cette irrégularité est une stratégie de l'éditeur pour soutenir l'intérêt du lecteur jusqu'à la fin. Cette stratégie consiste à signaler une énigme concernant l'origine du roman sans toutefois l'éclaircir: au début du roman, l'éditeur suscite la curiosité du lecteur en dédiant son oeuvre à "l'Auteur anonyme d'une Brochure Angloise"; ensuite, au lieu d'expliquer le mystère, il indique seulement l'existence des lettres d'éclaircissement. Ainsi le lecteur doit-il attendre jusqu'à la fin pour comprendre pleinement la signification de "l'Epître dédicatoire".

L'atmosphère mystérieuse ainsi produite ajoute d'ailleurs une dimension de plus à l'intérêt du roman: en ne révélant la nature exacte de son travail qu'à la fin du roman, l'éditeur laisse le lecteur en suspens sur le véritable statut des lettres qu'il lit.

"La fiction de l'éditeur" est donc une technique complexe: au niveau formel, elle se manifeste sous les formes les plus variées; au niveau fonctionnel, elle n'est pas seulement une technique facile d'illusion mais elle a des valeurs narratives aussi bien qu'esthétiques. Pourtant, jusqu'ici, les critiques n'ont vu dans "la fiction de l'éditeur" qu'un trompe-l'oeil: selon eux, elle n'a de valeur esthétique qu'à mesure qu'elle contribue à la tendance générale du roman du XVIIIe siècle vers le plus grand réalisme. Parmi ce type d'ouvrages critiques, nous comptons d'abord <u>Le Dilemme du roman au XVIIIe siècle</u> de Georges May. [16] Dans ce livre, May considère "la fiction de l'éditeur" comme une des techniques que les romanciers du XVIIIe siècle ont introduites dans le genre romanesque pour donner un caractère documentaire à leur roman: face à la critique de l'invraisemblance, les romanciers ont recours aux diverses techniques qui donnent au roman un air vrai, dont celle de l'éditeur fictif. Par conséquent, May ne donne qu'une attention marginale à la convertion de l'éditeur: en la traitant seulement comme un moyen facile de donner au roman une fausse historicité, May laisse échapper la complexité fondamentale du rôle de l'éditeur.

Cette attitude envers "la fiction de l'éditeur" caractérise la position de la plupart des critiques qui s'intéressent au roman du XVIIIe siècle. Pour Vivienne Mylne [17] par exemple, "le roman à éditeur" est une méthode pour créer un "literal belief", esthétique romanesque caractérisée par la confusion entre la vérité romanesque et la véracité historique. Selon Mylne, la technique de l'éditeur est, en tant que procédé du réalisme, "obviously cruder" que celui qui vise à la création d'un roman où "no incident, no character, no action, will startle the reader out of his imaginative belief by flouting his standards of possibility and probability". [18] Aussi Mylne s'occupe-t-elle moins de la modalité de "la fiction de l'éditeur" que de son développement successif, c'est-à-dire, du processus de sa désagrégation.

<u>Imitation</u> <u>and</u> <u>Illusion</u> <u>in</u> <u>the</u> <u>French</u> <u>Mémoires-Novel</u>, <u>1700-1750</u>: <u>The</u> <u>Art</u> <u>of</u> <u>Make-Believe</u> de Philip Stewart est la première oeuvre qui traite l'éditeur comme une unité indépendante. [19] Dans cette étude Stewart se concentre surtout sur la manière dont l'éditeur fictif explique sa source, sur celle dont le romancier retourne ses fautes de rédaction en preuves de l'authenticité du document, et sur les divers modes de "retouches" que l'éditeur avoue faire à son manuscrit. Malgré ces détails, cette étude est essentiellement unifonctionnelle: elle établit une typologie sans expliquer le fonctionnement de ces types. D'ailleurs, comme Stewart limite son étude au roman-mémoires de la première moitié du siècle dans lequel "la fiction de l'éditeur" ne dépasse guère la partie préfatoire, son analyse de l'éditeur ne montre qu'un tableau partiel de "la fiction de l'éditeur".

L'importance de l'<u>Epistolarity</u> de Janet G. Altman pour l'étude du "roman à éditeur" réside justement dans le fait qu'Altman dépasse la partie préfatoire pour mettre en valeur l'existence de l'éditeur dans le "corps" du roman. [20] Dans le chapître sur "the epistolary mosaic", Altman s'attache à étudier la valeur esthétique de l'organisation qui constitue un des rôles essentiels de l'éditeur. Selon Altman, le mode particulier d'arrangement des lettres a une signification cruciale pour la lecture du roman épistolaire dans la mesure où "the blank space between letters shapes his [the epistolary novelist's] narrative as well as the letters themselves". [21] De plus, Altman est la première à voir dans l'éditeur "an internal reader", c'est-à-dire "un lecteur dans le texte". Pourtant, Altman laisse ouvertes des questions importantes comme celles-ci: comment la lecture de l'éditeur influe-t-elle sur notre lecture?; comment cette lecture diffère-t-elle de la lecture des autres "internal readers"? De plus, dans son analyse des oeuvres individuelles, Altman semble parfois mélanger le niveau fictif de l'édition avec le niveau réel de la création romanesque, en confondant le rôle de l'éditeur avec celui de l'auteur du roman. D'ailleurs, comme son intérêt pour la convention de l'éditeur est secondaire à sa discussion principale de l'épistolarité, il lui manque une vue totale de la technique de l'éditeur.

En effet, la convention de l'éditeur n'est jamais examinée en elle-même: la discussion est toujours subordonnée à celle d'autres techniques, à savoir, celle de l'historicité, du réalisme ou de l'épistolarité, etc.. Comme elles ne mettent l'accent que sur certains aspects limités de cette technique, ces discussions ne réussissent pas jusqu'ici à rendre compte de ce phénomène dans sa totalité.

Nous proposons de montrer un tableau plus complet de la convention de l'éditeur. Notre point de départ dans cette étude est la supposition que "la fiction de l'éditeur" est une technique complexe qui mérite une analyse plus approfondie, et qui a des valeurs esthétiques autres que celle de l'authentification du récit. Notre tâche est donc double. D'abord, il faut une approche pour ainsi dire "immanente": en examinant la structure formelle de "la fiction de l'éditeur" aussi bien que les diverses fonctions fictives et narratives de l'éditeur, nous établirons une typologie de l'éditeur du "roman à éditeur". Cette typologie nous servira de point de repère pour notre deuxième approche: le fonctionnement de "la fiction de l'éditeur" dans la structure de la signification du "roman à éditeur". Pour cela, nous nous concentrons sur trois romans, à savoir, La Religieuse de Denis Diderot, La Nouvelle Héloïse de Jean-Jacques Rousseau et Les Liaisons dangereuses de Choderlos de Lalcos. [22] Ce choix est fait non seulement parce que ce sont les oeuvres les plus importantes de la deuxième moitié du XVIIIe siècle mais aussi parce que dans ces oeuvres, la technique de l'éditeur est exploitée d'une façon très poussée: chaque oeuvre montre un emploi unique de cette technique qui, de plus, donne lieu à des réflexions fructueuses sur le statut du roman en général.

La première partie concerne surtout l´approche immanente. Ici, nous nous efforcerons de présenter un tableau général de "la fiction de l´éditeur" en basant notre analyse sur un corpus étendu des "romans à éditeur". Dans la deuxième partie, nous examinerons le rapport entre "la fiction de l´éditeur" montrée dans la partie préfatoire de nos trois romans et la théorie du roman de chaque auteur. Dans la troisième partie, nous nous concentrons sur l´influence de "la fiction de l´éditeur" sur la lecture, surtout sur la manière dont l´éditeur manipule le lecteur par le biais de l´organisation et des notes.

Notre méthode est essentiellement éclectique. Il est vrai que nous empruntons les concepts de la narratologie, surtout ceux de Genette. Pourtant, leur application dépend de la nature des oeuvres individuelles: au lieu d´une approche générale, nous accordons notre méthode au système des valeurs particulier à chaque oeuvre. Nous espérons que l´analyse particularisée de nos trois romans sera équilibrée par l´approche globale de la première partie où nous examinons la physiologie générale de la convention de l´éditeur.

I. LES FONCTIONS DE L´EDITEUR

L´éditeur fictif n´est pas l´auteur. Si l´on conçoit, avec beaucoup de critiques structuralistes l´oeuvre littéraire comme une communication entre l´auteur et le lecteur, il est difficile de déterminer si l´éditeur est un destinateur ou un destinataire. D´un côté, il ne raconte pas l´histoire: tout ce qu´il fait, c´est de lire attentivement et de donner de l´ordre selon l´ordre déjà suggéré dans le manuscrit même (la chronologie, le sujet, les interlocuteurs, etc.). En ce sens, il est, comme tous les lecteurs, le destinataire du récit raconté par un autre. D´un autre côté, son activité influe sur les lecteurs. Ses commentaires, son choix du manuscrit et l´ordre qu´il lui donne déterminent l´effet spécifique que produit le roman chez le lecteur: l´esthétique du roman dépend en grande partie de l´activité de l´éditeur. En ce sens, il est le destinateur. Il faut donc examiner ces deux côtés, parce qu´il est un destinateur en même temps qu´il est un destinataire privilégié.

Il faut d´abord souligner que quoiqu´on puisse considérer l´éditeur comme le destinateur, il se distingue de l´auteur dans la mesure où ce n´est qu´une identité fictive que l´auteur se donne provisoirement dans le roman: il est différent de l´auteur en ce sens qu´il est lui-même un être fictif qui a une certaine connaissance des matières qu´il présente, tandis que l´auteur est le créateur non seulement du "manuscrit" mais aussi de cet éditeur.

Par exemple, dans La Paysanne pervertie, le lecteur prend "l'éditeur" pour Restif de la Bretonne. Car quoique "l'éditeur" ne signe pas sa préface, nous comprenons facilement qu'il s'agit ici de Restif lui-même quand Pierre R**, le personnage-éditeur du roman dit à la fin de "l'Avis trouvé à la Tête du Recueil": "Je, soussigné [Pi. R**], ai remis ces lettres à M. N.-E. R** de la B***, pour qu'il les fasse imprimer comme les premières [celles qui constituent Le Paysan perverti]".[1] Malgré la similitude de leur nom, "l'éditeur" et Restif de la Bretonne, le véritable auteur de ce roman, sont deux êtres bien distincts: tandis que l'éditeur connaît Pierre R** réellement, l'auteur ne le connaît que dans son imagination, car Pierre R** n'existe pas dans la réalité. En ce sens, le rapport entre l'auteur et l'éditeur ressemble beaucoup au rapport entre celui-là et le narrateur. Le narrateur, quoiqu'il représente la partie du destinateur qui est en principe le statut de l'auteur dans la communication littéraire, n'est pas identique à l'auteur parce qu'il connaît les personnages du roman et souvent il prétend "voir" et "entendre" les choses qu'il décrit. En un mot, l'éditeur et le narrateur sont tous les deux les êtres imaginés qui remplacent l'auteur dans l'univers romanesque tandis que celui-ci est un être en chair et en os qui leur attribue une partie de sa personnalité.

La différence principale entre le narrateur et l'éditeur réside dans le fait que celui-ci "édite" le manuscrit qui existe déjà tandis que celui-là "raconte" l'histoire qui n'est pas encore mise en forme d'écriture. Ainsi définie, il semble que leur différence saute aux yeux: le narrateur est l'unique source de la connaissance des événements narrés dans le roman, tandis que l'éditeur reste au second plan et qu'il n'ajoute pas grand chose au récit, car il ne fait que montrer le "manuscrit". Pourtant, l'éditeur est une convention littéraire beaucoup trop complexe pour une comparaison si simpliste. Comme dans le cas du narrateur, l'éditeur a un mode d'existence très varié et ses fonctions sont multiples. Il faut donc une analyse plus détaillée de la modalité et de la fonction de l'éditeur avant de parler avec plus de conviction du statut de l'éditeur dans le roman.

Sur le plan narratif, l'éditeur est comparable au narrateur extradiégétique du roman encadré en ce sens qu'ils établissent tous les deux un pseudo-contexte de l'énonciation du narrateur intradiégétique.[2] Selon Genette, le narrateur peut se situer à plusieurs niveaux différents: il peut être extradiégétique, intradiégétique ou même métadiégétique selon son niveau d'existence.[3] S'il est le narrateur du récit primaire, il est le narrateur extradiégétique. S'il est celui du récit secondaire, il est le narrateur intradiégétique, et ainsi de suite. Or le trait caractéristique du roman encadré est le fait que le récit le plus important est raconté par un narrateur-personnage introduit par un autre narrateur, à savoir le narrateur extradiégétique. Dans un roman à éditeur, le lecteur rencontre d'abord l'éditeur: les personnages-narrateurs sont comme introduits par lui.

Une comparaison entre Manon Lescaut, roman encadré et Adolphe, roman à l'éditeur révèle une ressemblance remarquable entre l'instance narrative de Des Grieux et celle d'Adolphe. D'abord, dans Manon Lescaut, le marquis de Renoncour introduit Des Grieux dans son récit où il raconte sa rencontre avec ce dernier à Passy et puis au Havre. En ce qui concerne l'histoire de Des Grieux, le marquis est seulement le transcripteur: le marquis de Renoncour joue le rôle du narrateur extradiégétique tandis que Des Grieux est le narrateur intradiégétique, son histoire étant une histoire insérée dans le récit primaire.

Pareillement, dans Adolphe, l'éditeur introduit Adolphe, l'auteur du manuscrit, dans "l'Avis de l'Editeur" qui joue le rôle du récit primaire dans lequel s'insère le manuscrit d'Adolphe. Dans "l'Avis de l'Editeur", il s'agit de la rencontre de l'éditeur avec Adolphe, des circonstances dans lesquelles il devient le dépositaire du manuscrit et des événements qui l'ont décidé à le publier. "L'Avis" est pour ainsi dire le cadre des mémoires d'Adolphe. Aussi, l'éditeur est-il le narrateur extradiégétique tandis que l'auteur du manuscrit, Adolphe, est le narrateur intradiégétique.

Il est vrai qu'Adolphe est un cas limite du roman à éditeur. Ici, le récit de l'éditeur est développé de manière à constituer une partie intégrale du roman tandis que souvent, le lien entre la partie préfatoire et le "corps" du roman n'est pas aussi évident. Dans Adolphe l'instance narrative de l'éditeur est essentielle à la structure du roman. Car d'abord, Adolphe est un personnage qui apparaît dans le récit primaire. La description de ce personnage triste joue un grand rôle dans la lecture des mémoires qui suivent le récit introducteur de l'éditeur: le lecteur sympathise plus facilement avec Adolphe dans la mesure où l'état malheureux d'Adolphe ainsi montré prédispose le lecteur à voir en lui une victime plutôt qu'un bourreau. Deuxièmement, les deux lettres de la fin du roman se servent de l'épilogue et du supplément au manuscrit en introduisant des voix étrangères dans le monde clos d'Adolphe. Le rôle médiateur de l'éditeur est donc un moyen de prolonger et d'étendre le monde des mémoires. Par contre, dans La Vie de Marianne, la part de l'éditeur est bien moindre. Peut-être est-ce cette différence de degré qui fait que Genette considère l'éditeur d'Adolphe comme un narrateur extradiégétique tandis qu'il ne tient aucun compte de l'instance narrative des autres éditeurs.[4]

Pourtant, cette distinction n'est pas aussi simple qu'elle paraît au premier abord. Car comment déterminer si le récit de l'éditeur fait partie du roman ou non? L'introduction des Lettres persanes par exemple, où l'éditeur raconte les circonstances de l'acquisition de ces lettres, est-elle un récit primaire? Et sinon, quel est le statut de ce petit récit? Car ce n'est évidemment pas une annonce du "libraire" réel, cet éditeur ayant une identité fictive.

C'est à cause de cette difficulté que Ringler classifie tous les éditeurs comme narrateurs extradiégétiques.[5] Selon Ringler, l'éditeur crée un monde fictif en dehors de celui des personnages du roman: c'est un "secondary fictive world" du narrateur extra-diégétique.[6] Le caractère authentique ou fictif du manuscrit ne compte pas ici de même manière que dans un roman encadré, le récit métadiégétique peut être un récit prétendu authentique comme le cas de <u>Manon Lescaut</u> ou une fiction comme <u>Jean Santeuil</u> de Proust. Ce qui compte, c'est l'aspect intermédiaire de l'éditeur entre le monde fictif des personnages et les lecteurs actuels. Car le récit de l'éditeur aussi bien que le récit primaire du roman encadré sert principalement à "la naturalisation de la narration" qui est la création littéraire d'une situation narrative où le narrateur et le lecteur se rencontrent comme le narrateur et l'auditeur du récit oral.

Il faut donc trouver la ligne de démarcation qui sépare l'éditeur du narrateur dans la fonction qu'ils assument l'un l'autre dans le roman. Nous avons déjà signalé leur différence principale: l'un raconte tandis que l'autre édite. Mais en quoi l'acte d'édition consiste-t-il? Le rôle de l'éditeur comprend diverses activités qu'assume celui qui donne à un livre la forme définitive dans le contenu aussi bien que dans la forme matérielle: le manuscrit informe se métamorphose en un livre imprimé. C'est sous cette forme que s'effectue la rencontre du texte et du lecteur. Le processus d'édition pour ainsi dire consiste en plusieurs étapes dans lesquelles l'éditeur accomplit les activités les plus diverses. Les romans à éditeur reflètent cette diversité, chacun mettant tour à tour l'accent sur un certain aspect particulier des activités de l'éditeur.

D'ailleurs, le mot "éditeur" élargit son sens quand on parle de "l'attitude éditoriale" des personnages (des épistoliers individuels dans le roman épistolaire, par exemple) vis-à-vis de leur propre écriture et de celle des autres. Cela est bien naturel parce que leur attitude ressemble beaucoup à celle de l'éditeur critique qui annote, commente et juge le manuscrit qu'il prépare pour l'impression. Ici, la narration rencontre l'édition: les épistoliers individuels assument le rôle de l'éditeur chaque fois qu'ils se distancient de leur écriture pour devenir les lecteurs critiques. En d'autres termes, le côté destinataire de l'éditeur est mis en valeur quand nous parlons de l'attitude éditoriale des personnages.

Pourtant, cette attitude ne se trouve pas uniquement chez les épistoliers du roman épistolaire: le narrateur en général exprime plus ou moins le même souci quand il réfléchit au problème de la narration. Pour l'instant, il suffit de souligner que loin d'être confiné à la préface, le rôle de l'éditeur comprend les activités les plus diverses, de la découverte du manuscrit jusqu'à l'attitude critique des personnages-narrateurs envers leur écriture: le degré et le mode de son intervention diffèrent d'un roman à l'autre. Pour une raison de simplicité, nous allons appeler chaque activité de l'éditeur par le nom d'agent. Il est vrai que l'éditeur du "roman à éditeur" assume rarement une seule des fonctions décrites ci-dessous. De plus, différents personnages partagent souvent plusieurs de ces fonctions dans un même roman. Pourtant, cette nomenclature nous servira dans l'analyse de l'éditeur en nous fournissant un critère pour la classification des types d'éditeur selon les fonctions qu'il assume dans le roman. Dans la discussion suivante, le mot "éditeur" sera employé dans un sens général, ses fonctions specialisées étant désignées par des termes spécifiques.

i. Copiste

C'est le rôle minimal de l'éditeur. L'éditeur pose comme quelqu'un dont le rôle consiste uniquement à copier le manuscrit de la même manière que le copiste du Moyen Age. Dans les <u>Lettres persanes</u>, Montesquieu pose comme un copiste: "Les Persans qui écrivent ici étaient logés avec moi; [...] Ils me communiquaient la plupart de leurs lettres; je les copiai", dit-il.[7] Pourtant, cette activité est rarement exécutée dans sa forme pure. Le plus souvent, elle est combinée avec d'autres activités de l'éditeur: dans les <u>Lettres persanes</u>, l'éditeur non seulement copie les lettres mais aussi les traduit. Ce débordement du rôle du copiste est encore une fois mis en évidence dans "Le Copiste au Lecteur" des <u>Lettres au Chevalier de Luzeincour par une Jeune Veuve</u> où l'éditeur, tout en ne portant que le titre de copiste, ne laisse pas d'avouer que son rôle consiste en plusieurs activités qui dépassent de loin celle du simple copiste:

> Ces Lettres sont exactement transcrites d'après un manuscrit connu depuis long-temps à Malthe, sous le titre de <u>Lettres d'une Jeune Veuve, au Chevalier de</u> ***. Elles doivent avoir, me semble, quelque mérite aux yeux des amateurs du style naturel. Je marque, par des lignes ponctuées, les retranchements qui m'ont paru

nécessaires, quand il n´est question que d´affaires
domestiques, ou de certaines anecdotes qui ne pouvoient
devenir publiques sans indiscrétion. On verra aussi que
j´emprunte quelquefois des noms pris au hazard dans le
Calendrier ou dans quelque Roman.[8]

Nous voyons ici qu´au XVIIIe siècle le "copiste" est un concept lâche: la prétention de "copier" ne signifie pas une fidélité absolue à l´égard de l´original.

D´ailleurs, l´acte de copier est, dans beaucoup de cas, sous-entendu, même quand l´éditeur ne parle pas explicitement de cette action. Car il n´est pas vraisemblable d´utiliser le manuscrit original pour l´impression surtout quand il s´agit de lettres qui nécessitent beaucoup de commentaires.

ii. Découvreur

Le découvreur est celui qui découvre le manuscrit dans une circonstance quelconque. L´élément le plus important de la fiction de l´éditeur est l´épisode de la découverte du manuscrit. Si l´éditeur veut authentifier le roman qu´il publie, il faut inventer une circonstance dans laquelle il a découvert le manuscrit. Une des fictions les plus utilisées est celle du vieux coffre comme dans La Vie de Marianne. Ce procédé a l´avantage de situer les événements loin dans le temps tel qu´il n´est pas sans intérêt pour le lecteur contemporain, sans toutefois prêter au soupçon d´appartenir à la catégorie du roman à clef.

Le portefeuille rendu, la poste dévalisée, et le document trouvé parmi les papiers d´une personne morte, l´ingéniosité des romanciers du XVIIIe siècle s'emploie pleinement pour inventer une fiction non usitée de la découverte. Pourtant, il est difficile de croire que les romanciers visent toujours à la création de l'illusion quand ils racontent les histoires fantastiques de la découverte. Car, comme Philip Stewart l'a remarqué, elles sont souvent si invraisemblables, "that we can hardly help but wonder whether [the author] meant it seriously at all".[9]

Tout de même, on persiste à inventer des fables concernant la source du document jusque vers la fin du siècle. En 1782, Beaudoin de Guémadeuc continue à expliquer la provenance de son document par une histoire extravagante. Dans L'Espion dévalisé, l'éditeur prétend devoir son document à une aventure nocturne. En revenant tard "par des rues détournées", l'éditeur s'est aperçu d'un "espion" qui l'observe et le suit:

> Je m'arrêtai; l'homme qui m'inquiétoit me dépassa & s'arrêta aussi. Dix fois je le mis à cette épreuve, & dix fois il répéta la même manoeuvre. Ma tête part; je m'élance sur mon acolyte, & lui crie d'un ton menaçant: de quel droit me suivez-vous? Mon espion, étourdi d'une si brusque incartade, s'enfuit & se dérobe en un instant à ma vue. Je ris de sa frayeur, je ris de ma brusquerie, & je reprenois paisiblement mon chemin, lorsque j'aperçois un porte-feuille à mes pieds, que Monsieur de la robe grise avoit laissé tomber. Je le ramasse, le met dans ma poche, & rentré chez moi, pour achever de me distraire j'examine ma trouvaille. Ce porte-feuille contient dans sa plus grande partie un fatras de notes peu intéressantes; car elles sont inintelligibles; [...] mais aussi quelques comptes rendus, rédigé avec plus d'ordre, dont j'ai extrait des récits qui m'ont amusés. [10]

Cette histoire est si arbitraire qu'elle n'augmente guère la crédibilité du manuscrit. Aussi nous demandons-nous si ce n'est

pas plus pour le plaisir de raconter que pour l'illusion de
l'authenticité que l'éditeur s'efforce de fournir une explication
fantastique de la découverte.

iii. Traducteur

La fiction du traducteur est nécessaire pour la vraisemblance. Dans le cas des <u>Lettres persanes</u>, il est naturel qu'Usbek écrive en persan à Ibben, son ami persan et aux autres Persans commes ses eunuques et ses femmes; les autres écrivent en persan pour la même raison. Il faut donc quelqu'un qui les traduise en français pour que cette oeuvre puisse être publiée. Avec la vogue du roman oriental, les auteurs prétendent connnaître diverses langues: l'un traduit des lettres écrites en chinois; [11] l'autre traduit du siamois en français;[12] un auteur anonyme va jusqu'à prétendre traduire un manuscrit persan après seulement six semaines de l'apprentissage de la langue.[13] Dans la deuxième moitié du XVIIIe siècle, la popularité de Richardson a donné un nouvel élan à la vogue de la pseudo-traduction en attirant l'attention sur la langue anglaise: Mme Riccoboni, Mme Beccari, Mrs Brooke comptent parmi ces auteurs qui ont grandement contribué à la profusion de la pseudo-traduction du roman anglais.

Le traducteur, quoiqu'il soit souvent confondu avec l'éditeur, n'est pas le synonyme de l'éditeur. Il est vrai que dans les <u>Lettres persanes</u> et dans beaucoup d'autres oeuvres, le tra-

ducteur est aussi celui qui découvre, choisit, annote et publie
le manuscrit: il est le maître d'oeuvre. Pourtant, il y a des
cas où le traducteur a un rôle minime dans la production de
l'ouvrage. Dans <u>Don Quichotte</u> par exemple, le traducteur n'a
aucune prise sur la forme de l'ouvrage: il est semblable au
copiste sauf pour le fait qu'il transcrit le manuscrit non dans
la même langue mais dans une autre langue que celle du manuscrit.
Ici, la traduction n'est pas le produit final mais elle est une
étape intermédiaire sur laquelle l'éditeur travaille. Par contre, Mme Beccari des <u>Lettres de Milady Bedfort</u> est, pour ainsi
dire, la seconde éditrice de l'oeuvre: car le manuscrit qu'elle
traduit et publie est déjà un "recueil" rassemblé et mis en ordre
par un autre.

    Il y a aussi des cas où la distinction entre le traducteur et
l'éditeur est brouillée, comme dans les romans de Mme Riccoboni.
Dans les <u>Lettres de Juliette Catesby</u>, par exemple, nous ne pouvons pas déterminer l'étendue du rôle de Mme Riccoboni-éditrice:
est-elle l'éditrice des lettres authentiques, ou a-t-elle seulement traduit une oeuvre déjà publiée en anglais? Comme l'auteur
ne se soucie guère de tirer au clair le statut de l'original,
cette question reste ouverte jusqu'à la fin. Il est d'ailleurs
oiseux de la poser parce que ce qui compte dans la prétention à
la traduction, ce n'est pas l'authenticité de la source anglaise
mais plutôt l'illusion d'un texte préexistant.

    Par le mot traducteur, nous allons désormais désigner l'acte
de la traduction débarrassée de toutes les autres fonctions de

l'éditeur qu'un traducteur assume souvent. Il est vrai que la fiction du traducteur est une forme particulière de la fiction de l'éditeur, inventée par le goût de l'exotisme. Pourtant, elle transcende cette circonstance initiale pour devenir un instrument efficace de l'illusion.

iv. Publieur

Dans le roman à éditeur, nous constatons souvent que celui qui publie est différent de celui qui assume en grande partie le rôle de l'éditeur. Par exemple, dans les <u>Lettres de la Marquise</u> de Crébillon, nous comprenons que c'est M de ***, le destinataire de la lettre du début, qui les publie. Nous entendons par le mot publieur la personne qui, comme M de ***, publie le manuscrit. Dans le roman en général, on ne s'occupe pas particulièrement de la publication parce qu'elle déborde le monde romanesque pour entrer dans le monde réel où nous, les lecteurs actuels, vivons. Son existence est donc suggérée seulement par le fait que nous avons sous nos yeux un livre imprimé et broché. Au plus, nous voyons l'existence du publieur dans les avertissements comme dans le cas du "libraire" de <u>La Princesse de Clèves</u>: il donne des informations non fictives sur l'auteur ou l'oeuvre.

Pourtant au XVIIIe siècle, à mesure que l'éditeur envahit l'univers romanesque par la fiction de l'éditeur, le publieur aussi devient un personnage fictif, ce qui est naturel vu que la publication est une des activités normales de l'éditeur. Dans le roman à éditeur, nous constatons plusieurs modes de la division du travail de l'éditeur. Dans les <u>Lettres</u> <u>de</u> <u>la</u> <u>Marquise</u>, le publieur ne correspond pas à l'éditeur tandis que dans les <u>Lettres</u> <u>persanes</u>, Montesquieu assume non seulement le rôle du traducteur mais aussi celui du publieur. Dans les <u>Lettres</u> <u>de</u> <u>Milady</u> <u>Bedfort</u>, c'est Madame Beccari qui assume le rôle du publieur tandis que c'est Milord Clare qui en est l'éditeur principal. Le rôle qu'assument ces gens n'est pas différent du "libraire" de <u>La</u> <u>Princesse</u> <u>de</u> <u>Clèves</u> quoique celui-ci soit réel tandis que ceux-là sont fictifs. Car la fiction du publieur imite la réalité de la même manière que la fiction de l'éditeur exploite les possibilités esthétiques laissées par la pratique réelle de l'éditeur.

v. Correcteur

Nous définissons le correcteur comme celui qui corrige les erreurs stylistiques, mais non pas les fautes d'orthographe parce que la correction orthographique est une activité de l'éditeur qui va de soi. Le travail du correcteur n'apparaît pas dans le roman: il est seulement mentionné dans la préface comme dans le cas de <u>La</u> <u>Vie</u> <u>de</u> <u>Marianne</u>. Il est vrai que l'éditeur utilise les notes pour corriger les erreurs du narrateur: il cite les sources pour prouver la fausseté d'une citation, d'une opinion ou d'une expression. Pourtant, nous n'allons pas appeler ces actions celles du correcteur parce qu'elles se rapprochent plus de celles de l'annotateur ou du commentateur. Une correction orthographique si légère soit-elle est déjà un commentaire quand la faute est mise en valeur par l'éditeur. Par exemple, l'éditeur de La Nouvelle Héloïse fait plus que de corriger la faute du style de Julie quand il commente:

> (Julie a employé "qu'hors" au lieu de "que hors" dans une de ses lettres)
>
> Il fallait que hors, et sûrement Mme de Wolmar ne l'ignorait pas. Mais, outre les fautes qui échappaient par ignorance ou inadvertance, il paraît qu'elle avait l'oreille trop délicate pour s'asservir toujours aux règles même qu'elle savait. On peut employer un style plus pur, mais non pas plus doux ni plus harmonieux que le sien.[14]

Ici, la faute est gardée comme une preuve de la qualité personnelle de Julie. Ainsi l'acte de corriger prend une nouvelle signification quand il est montré à l'intérieur du roman, en ce sens qu'il sert à signaler un certain aspect du caractère personnel ou psychologique de la personne qui commet ces erreurs.

vi. Annotateur

L'annotateur s'exprime en principe par ses notes où il fournit des informations supplémentaires concernant le passage ou l'expression dont il s'agit. Nous pouvons distinguer quatre sortes d'informations parmi celles que fournit l'annotateur. D'abord, il s'agit d'indiquer la source d'une citation, d'une idée. Dans Les Liaisons dangereuses par exemple, l'éditeur fournit la source des citations que fait Valmont. D'ailleurs, il l'accuse d'avoir cité Rousseau dans des circonstances fausses. [15]

Deuxièmement, la note renvoie aux informations que le lecteur possède par la lecture du roman. Cette sorte de notes apparaît le plus souvent dans un ouvrage trop long pour que le lecteur puisse se souvenir de tous les détails importants ou dans un ouvrage qui est la suite d'un autre ouvrage déjà paru. Un bon exemple de ce dernier serait La Paysanne pervertie où le renvoi au Paysan perverti dont elle est le pendant est très fréquent. De cette façon, Restif de la Bretonne renforce l'illusion que La Paysanne pervertie est la moitié de la correspondance: les deux oeuvres sont inextricablement liées ainsi que l'histoire du frère et celle de la soeur. Richardson serait un exemple du premier cas. Pamela et Clarissa abondent en renvois aux lettres précédentes: par ces renvois, Richardson rappelle au lecteur un certain fait important pour l'interprétation de la situation actuelle. Ces notes sont donc loin d'être neutres: la répétition accentue un aspect spécifique de l'événement. Le fait que Richardson utilise le renvoi surtout aux cas où l'action se prête aux interprétations multiples met en valeur la fonction idéologique de l'annotation. Dans Clarissa par exemple, l'annotateur approuve le jugement de Clarissa en attirant l'attention sur les lettres antérieures:

> That the Lady judges rightly of him in this place, see p. 163 [L. 34] where, giving the motive for his Generosity to his Rosebud he says -- "As I make it my Rule, whenever I have committed a very capital enormity, to do some good by way of atonement;[...]" --Besides which motive, he had a further view to answer in that instance of his generosity; as may be seen [in] Letters 70, 71, 72, 73.

> To show the consistence of his actions, as they
> 'now' appear, with his views and principles, as he lays
> them down in his 'first letters', it may not be amiss to
> refer the reader to his Letters 34 and 35.
> See also pp. 140-141 and 181-4 for Clarissa's early
> opinion of Mr. Lovelace. --Whence the Coldness and In-
> difference to him, which he so repeatedly accuses her
> of, will be accounted for, more to her glory, than to
> his honour.[16]

Richardson impose au lecteur une interprétation "correcte" par ce renvoi. La lettre 34 perd sa valeur communicative pour devenir une lettre-témoin: d'abord, c'était une lettre que Lovelace envoie à Belford, son ami, pour lui apprendre sa situation; à cause du mauvais temps il est obligé de rester dans une auberge où il a rencontré deux jeunes amants; pourtant, par ce renvoi, cette lettre devient une évidence qui justifie l'observation que fait Clarissa sur le caractère de Lovelace.

Troisièmement, les notes expliquent les moeurs, l'histoire, et les faits étrangers au lecteur. On peut trouver les notes de cette catégorie surtout dans les romans exotiques. Ce qui est naturel vu que plus le pays où se passe l'événement est étranger, plus le lecteur ignore les faits qui vont de soi dans la correspondance entre les gens de ce pays. Dans les <u>Lettres persanes</u>, l'éditeur explique à plusieurs reprises les moeurs et les mots persans. Pourtant, cette pratique ne se limite pas au roman exotique: dans le roman où l'action se passe entièrement en France, comme <u>La Paysanne pervertie</u> et <u>Les Liaisons dangereuses</u>, on voit que l'éditeur a recours aux notes pour expliquer l'expression et les moeurs particulières à une société fermée, transformant ainsi un "document privé" en une oeuvre littéraire destinée au public.

Quatrièmement, l'éditeur parle de son travail par ses notes: la suppression du manuscrit, les critères de la sélection, l'information sur l'état du manuscrit sont parmi les plus fréquemment expliqués dans les notes. Dans La Paysanne pervertie par exemple, l'éditeur explique l'état original du manuscrit en faisant savoir au lecteur que "[les] points, et toute la ponctuation, ont été mis par le Lecteur d'épreuves". [17]

Ces informations ne sont pourtant guère neutres. Et cela non seulement parce que le fait que l'éditeur les note accentue un certain aspect du roman mais aussi parce qu'elles comprennent le plus souvent un jugement de la part de l'éditeur. Par exemple, Laclos prononce son jugement sur Cécile et Danceny quand il dit:

> On continue de supprimer les lettres de Cécile Volanges et du chevalier Danceny, qui sont peu intéressantes et n'annoncent aucun événement. [18]

Ici, on voit un mépris pour Cécile et Danceny dont les lettres d'amour n'intéressent personne, quoique beaucoup de romans soient constitués entièrement de lettres d'amour. Par cette note, on comprend que ce n'est pas l'amour mais quelque chose d'autre qui importe dans ce roman et que les deux amants se situent très bas dans la hiérarchie particulière du monde de ce roman.

vii. Commentateur

Nous avons déjà parlé de ce qu'une action qui semble n'avoir aucune signification idéologique est souvent un guide que donne l'auteur pour l'interprétation. Or, le propre du rôle du commentateur consiste à exprimer son jugement des actions ou du style des personnages. Presque aucun éditeur ne manque de faire des commentaires. Même Marivaux dans La Vie de Marianne ne fait autre chose que de commenter sur le style de Marianne quand il dit :

> Ce qui est de vrai, c'est que si c'était une histoire simplement imaginée, il y a toute apparence qu'elle n'aurait pas la forme qu'elle a. Marianne n'y ferait ni de si longues ni de si fréquentes réflexions, il y aurait plus de faits, et moins de morale;[...].[19]

Pourtant, c'est surtout le jugement moral qui constitue le plus souvent les commentaires de l'éditeur. Par le commentaire, l'éditeur essaie d'influencer le lecteur. Restif de la Bretonne, l'auteur de La Paysanne pervertie, va jusqu'à ne pas laisser une seule lettre sans commentaire: il donne d'une manière explicite l'interprétation "correcte" des lettres individuelles en plaçant un titre moralisant à la tête de chaque lettre. Ces commentaires semblent indispensables quand nous pensons au but proféré de Pierrot, l'éditeur du "recueil" dont, prétend l'éditeur, le roman est sorti: "je souhaite que ce second recueil soit un préservatif pour les filles qui sortiront de moi,[...], dit-il.[20]

Sans la mise en garde de l'éditeur, le lecteur, séduit par la fausse gloire du vice, pourrait ne pas profiter de la leçon morale que Pierrot prétend contenir le recueil. Car dans la narration "à la première personne" le personnage tend à se justifier auprès du lecteur en le persuadant de la validité de son

point de vue. De plus, n'ayant aucune autre évidence, le lecteur
prend ce que le personnage dit pour la vérité. Le rôle du commentateur consiste pour ainsi dire à distancer le lecteur de la
narration "à la première personne" du manuscrit en le faisant
sortir de la vision étroite de "la première personne" et en
introduisant une vision plus "objective" de l'éditeur qui en
quelque sorte contrebalance celle du personnage. Il en va de même
pour les commentaires positifs: par sa voix, l'éditeur donne plus
de poids aux actions ou aux idées des personnages. Pourtant il
est difficile de dire que les commentaires de l'éditeur s'impo-
sent toujours au lecteur. De plus, il est souvent douteux que
ses commentaires correspondent à l'avis de l'auteur. Nous reviendrons aux effets particuliers qui sont produits par cette
ambiguïté quand nous analyserons les notes des <u>Liaisons dan-
gereuses</u>.

viii. Informateur

C'est celui qui raconte les événements qui sont arrivés dans
le monde romanesque mais qui ne sont pas relatés dans le "manuscrit". L'exemple le plus frappant de l'informateur serait l'éditeur de <u>Pamela</u>. Ici, l'enquête du père de Pamela et son arrivée
à Bedfordshire aussi bien que les informations concernant les
lettres de Pamela interceptées par Mr. B. ne sont pas décrites
dans une lettre de Pamela ou de son père, mais elles sont
racontées par quelqu'un qui est à l'extérieur de l'action. Ici,

l'éditeur se métamorphose en narrateur. Cette métamorphose est une transgression à la convention du roman à éditeur étant donné que l'éditeur est quelqu'un qui s'occupe seulement de l'établissement du texte, et non pas celui qui raconte. Dans Pamela, la transgression saute aux yeux à mesure que la narration "à la troisième personne" contraste vivement avec la narration "à la première personne" qui est le mode principal de la narration de ce roman. De plus, elle pèche aussi à la vraisemblance dans la mesure où l'éditeur ne donne aucune explication sur l'occasion par laquelle il a appris ces événements.

Chez d'autres auteurs, la transgression est moins flagrante: d'abord, ils utilisent un mode plus discret de la narration "à la troisième personne", à savoir, celui de la note; ensuite, ils expliquent qu'ils doivent leur connaissance aux sources spécifiques, le plus souvent, au manuscrit qu'ils suppriment, comme nous le voyons par le remarque de Mme Beccari:

> N.B.
> On supprime plusieurs lettres écrites pendant l'année du veuvage de Milady Bedfort, qui n'ont rien d'intéressant pour le lecteur. Milord Clare passa tout ce temps auprès de Milady Quernay, écrivant à son ami, à qui il faisait part de l'impatience que lui causait la longueur du temps. [...] Le jour même où Milady Bedfort quitta le deuil, elle reçut une lettre de Milord Clare, que l'on joint à ce recueil.[21]

On voit ici que la narration résume l'histoire d'un an en quelques lignes en racontant seulement des événements essentiels. Nous pouvons donc dire que le rôle principal de l'informateur réside dans l'économie du roman. C'est d'ailleurs par cette raison que Walter Scott a préféré la narration "à la troisième personne" au roman épistolaire en qualifiant celui-ci comme "une narration à ritardando".[22]

Pourtant, l'informateur est aussi une invention du romancier du XVIIIe siècle confronté aux divers problèmes de la narration "à la première personne". D'abord, dans Pamela, le recours à l'informateur est nécessité par une raison pratique: d'un côté, Pamela, étant enfermée, ignore tous ces événements; de plus, elle n'est capable d'envoyer aucune lettre: d'un autre côté, il est invraisemblable que le père Andrews écrive à quelqu'un -à sa femme, par exemple- si nous tenons compte de sa situation déplorable. D'ailleurs, Mr. B., la seule personne qui sait la vérité, n'a pas de confident libertin comme le Belford de Clarissa. En l'absence de l'épistolier qui puisse éclaircir la situation, l'éditeur est obligé d'intervenir dans la narration.

Dans Werther, l'intervention de l'éditeur dans la narration est nécessitée par la mort du narrateur. Ici, la difficulté de la narration "à la première personne" semble insurmontable: il est impossible pour Werther de raconter sa propre mort; il faut quelqu'un d'extérieur qui peut rendre compte de son suicide qui d'ailleurs constitue l'élément le plus important de cette histoire.

L'informateur n'est donc pas seulement un instrument dont se sert le romancier du XVIIIe siècle pour couper les détails ennuyeux. C'est une invention pour étendre l'horizon du roman "à la première personne": il fait dépasser au roman la limite étroite de la perspective subjective des personnages pour incorporer la perspective plus vaste, plus objective de l'éditeur.

ix. Organisateur

Le Roman des Lettres de l'abbé d'Aubignac est un roman intéressant pour l'étude de l'éditeur dans la mesure où ici, les activités de l'éditeur sont illustrées à l'intérieur du roman. Au début du roman, nous voyons Cléonce, le dépositaire des lettres d'Ariste, en train de préparer les lettres pour la publication. Selon Cléonce, le problème principal de l'édition est celui de l'organisation:

> Mais ce qui m'arreste, & ce qui me donnoit de la peine à vostre [son ami Léarinde] arrivée est que ie ne sçay dans quel ordre ie les [les lettres] dois disposer: Vous les voyez toutes séparées, sans que i'aye pû déterminer encore ce que i'en dois faire; car de suivre les dates vous sçavez que les billets doux n'en ont presque iamais; & que mesme c'est une maniere trop commune de les ranger par les matieres differentes qu'elles contiennent; ce seroit confondre le temps & les personnes: Et de les distinguer par le nom de celles qui les ont receuës, cela pouroit en mescontenter quelqu'une qui peut-estre ne voudroit pas estre nommée.[23]

Nous voyons ici que la chronologie, le thème et le destinataire sont les critères principaux de l'organisation quoique chacun des trois présente des problèmes difficiles à résoudre.

La fonction principale de l'organisateur est donc de décider la structure globale de l'oeuvre en décidant un mode d'organisation qui s'accorde le mieux à la nature du manuscrit. Souvent, l'ordre selon lequel les diverses parties du manuscrit se succèdent est déterminé par la nature même du manuscrit. Dans les romans-mémoires, le rôle de l'organisateur est minime. Car la continuité narrative des mémoires d'avance exclue l'intervention de l'éditeur. Même dans un cas hybride comme <u>La Vie de Marianne</u> qui consiste en une série de lettres, le manuscrit ne permet aucune manoeuvre à l'organisateur: l'éditeur n'a qu'à suivre l'ordre original des lettres qui sont écrites l'une après l'autre et dont l'ordre correspond à celui des événements. La suppression de l'une des lettres ou le renversement de l'ordre donnerait lieu à la lacune ou le renversement dans l'histoire qui pècheraient contre la vraisemblance du roman.

Le roman épistolaire, à cause du caractère discontinu des lettres, est un genre qui se prête par excellence à l'intervention de l'organisateur. Même dans un roman épistolaire de forme la plus simple, à savoir, la monodie, la part de l'organisateur est beaucoup plus grande que dans un roman-mémoires. Par exemple, dans les <u>Lettres de la Marquise</u> de Crébillon, l'éditrice choisit seulement 70 lettres parmi une multitude de lettres laissées par le Comte de R***:

> Je ne vous en [des lettres] envoie que ce que j'ai cru digne d'être lu; & dans plus de cinq cents qui me sont tombées entre les mains, je n'en ai réservé que soixante-dix: ce n'est pas que les autres fussent plus mauvaises, mais les amants s'écrivent des choses qui ne peuvent intéresser qu'eux-mêmes. D'ailleurs, il y en avoit qui m'ont révoltée par la trop grande passion: [...] J'en ai retranché aussi plusieurs autres par des raisons de bienséance & de ménagement. J'ai tâché cependant de ne pas déranger absolument l'ordre dans lequel elles étaient écrites; mais malgré mes soins, vous en trouverez quelquefois la suite interrompue. Quand vous serez de retour ici, vous jugerez par vous-même si j'ai bien fait de ne les pas donner toutes.[24]

On voit ici que la sélection des lettres est déjà un jugement esthétique et moral. Quoique l'éditrice jure qu'elle est fidèle à l'état originel des lettres, on pourrait facilement imaginer que le "recueil" originel contient des lettres plus passionnées et plus franches. Aussi, n'est-il pas imprudent de dire que la litote et le langage indirect des Lettres de la Marquise sont le produit moins du caractère délicat de la Marquise que du travail de l'éditrice. Car le livre qu'on a sous les yeux est moins le produit de l'épistolière que celui du choix de l'éditrice.[25]

Dans le roman épistolaire du type polyphonique, la part qu'a l'éditeur dans l'établissement du texte est d'autant plus grande qu'il peut y avoir plusieurs façons d'arranger les lettres. La chronologie est, comme dans toutes les formes de romans, le critère le plus important de l'organisateur. En général, l'organisateur arrange les lettres selon la date où elles sont écrites. Pourtant, dans le détail, il peut y avoir des modifications subtiles qui produisent un effet particulier sur le lecteur. Par exemple, Montesquieu montre souvent les lettres dans l'ordre selon lequel elles arrivent chez Usbek, le personnage principal du roman. Par ailleurs, les lettres qui racontent le drame de son sérail sont groupées à la fin du livre quoiqu'elles ne datent quelquefois de plus de trois ans avant la dernière lettre d'Usbek, qui termine le groupe de lettres consacrées à l'Occident. De cette façon, Montesquieu sépare ses lettres en deux groupes pour dissocier la réflexion philosophique des intrigues romanesques et pour produire chez le lecteur l'impression que le drame du sérail se déroule "au rythme d'une tragédie racinienne" [26] alors qu'il dure en réalité près de trois ans. D'une manière moins flagrante, Laclos aussi transgresse la chronologie dans Les Liaisons dangereuses. Nous le verrons, dans plusieurs séries de lettres (Lettres 21/22, 47/48, 59/60/61, 96/97, etc.), Laclos impose insidieusement un mode particulier de lecture en renversant l'ordre chronologique. Par exemple, dans la série des lettres 59, 60 et 61 où il s'agit de la découverte des lettres de Danceny par Mme de Volanges, le renversement de l'ordre produit un effet de suspense chez le lecteur: l'étonnement et la mystification de Valmont devant le désespoir de Danceny sont sentis pleinement par le lecteur parce qu'il ne voit que par la suite la lettre de Cécile qui explique en quelque sorte ce mystère.

C'est donc par l'activité invisible de l'organisateur que l'éditeur influe le plus sur l'esthétique du roman. Car un roman épistolaire est une unité organique, dont l'esthétique dépend non seulement de ce que chaque lettre individuelle contient mais aussi de l'effet que donne leur structure globale. L'organisateur est seul responsable de cette structuration. On peut donc dire que l'organisateur est le rôle le plus important de l'éditeur dans un roman épistolaire quoique ce soit un rôle souvent inaperçu.

x. Intituleur

Nous entendons par ce nom la fonction d'intituler aussi bien l'oeuvre dans l'ensemble que les parties composantes de l'oeuvre.

Pour désigner ces deux types de titres nous suivons la distinction que fait Genette: nous appelons le premier "le titre", le second, "l'intertitre".[27]

Selon Genette, le titre est une partie de l'oeuvre dont l'appartenance est particulièrement liée à l'éditeur. Car dans la pratique de la publication, l'éditeur a un certain pouvoir dans le choix de titre comme l'exemple de La Nausée et d'Armance nous le confirme: La Nausée serait La Mélancholia sans l'intervention de Gallimard; Armance ou Quelques scènes d'un salon de Paris en 1827 serait Armance, anecdote du XIXe siècle sans son libraire.[28] De plus, sur le plan pragmatique et légal l'éditeur a autant de droit au titre que l'auteur dans la mesure où non seulement "le contrat conjointement signé par ces deux parties mentionne le titre (et non le texte!)" mais aussi "la position d'un titre et sa fonction sociale donnent à l'éditeur, en ce qui le concerne, des droits et des devoirs plus forts que sur le "corps" du texte".[29] Bref, et toujours selon Genette, "la responsabilité du titre est toujours partagée entre l'auteur et l'éditeur".[30]

Dans le roman à éditeur, la responsabilité d'intituleur revient presque entièrement à l'éditeur (sauf, bien entendu dans le cas où l'éditeur prétend n'être qu'un traducteur d'une oeuvre publiée dans une langue étrangère): comme l'éditeur prétend que le document qu'il présente au public n'est pas fait pour être publié, il n'est pas probable que l'original ait un titre. C'est donc la convention même de la fiction de l'éditeur qui exige que ce soit l'éditeur qui assume le rôle d'intituleur. Ainsi, Rousseau, qui se montre équivoque jusqu'à l'appartenance de l'épigraphe qui se trouve sur la page du titre de La Nouvelle Héloïse n'hésite-t-il pas déclarer tout haut:

> [...] j'ai mis à celui-ci [son ouvrage] un titre assez décidé pour qu'en l'ouvrant l'on sût à quoi s'en tenir. Celle qui, malgré ce titre, en osera lire une seule page est une fille perdue. [31]

S'il est vrai que cette déclaration est un moyen facile de se laver les mains de la responsabilité morale, d'un autre côté, elle montre la valeur interprétative du titre. Car il est claire qu'en choisissant un titre aussi chargé d'intertextualité que celui d'Héloïse, Rousseau met en valeur la portée morale de l'oeuvre.[32]

En ce sens, le titre est déjà une directive de la lecture : avant même que le lecteur ouvre le livre, le lecteur est invité à le lire de la façon conforme au but de l'auteur (ou de l'éditeur). Pourtant, il n'en va pas toujours ainsi dans la lecture actuelle. Quelquefois, le titre n'atteint pas son but proposé. Voici un exemple du malentendu entre le lecteur et l'auteur concernant l'interprétation du titre:

> Le véritable objet de ce livre est l'analyse d'un penchant, d'une passion, d'un vice même, et de tout le côté de l'âme que ce vice domine, et auquel il donne le ton, du côté languissant, oisif, attachant, secret et privé, mystérieux et furtif, rêveur jusqu'à la subtilité, tendre jusqu'à la mollesse, voluptueux enfin. De là, ce titre de Volupté, qui a l'inconvénient toutefois de ne pas s'offrir de lui-même dans le juste sens, et de faire naître à l'idée quelque chose de plus attrayant qu'il ne convient.[33]

Comme nous voyons ici, le malentendu est en partie dû au décalage entre le message que l'auteur cherche à communiquer par le titre et la connotation culturelle du mot "volupté". Pourtant, même avec un titre aussi explicite que L̲e̲s̲ L̲i̲a̲i̲s̲o̲n̲s̲ d̲a̲n̲g̲e̲r̲e̲u̲s̲e̲s̲, il existe toujours de l'ambiguïté. Il semble que l'intention apparente de ce titre soit une mise en garde contre le danger des liaisons. Car par ce titre, Laclos situe ce "recueil" dans un contexte littéraire spécifique de cette époque:[34] ici, Laclos non seulement répète l'expression qu'emploie Mme de Volanges dans sa dernière lettre, qui d'ailleurs termine le "recueil", mais aussi range son oeuvre dans la tradition des romans des liaisons. Pourtant, il est difficile d'accepter la signification apparente du titre au pied de la lettre, parce que dans la pratique de cette époque cette "moralité" n'étant souvent qu'un prétexte,[35] le lecteur un peu éclairé pourrait facilement deviner ce qui s'est caché derrière ce titre hautement moralisateur.

Ce malentendu ou cette ambiguïté ne diminue pas pour autant la valeur interprétative du titre: positive ou négative, l'influence qu'exerce le titre sur la lecture est incontestable. En effet, il suffit seulement de rappeler la question que pose Genette sur la lecture d'U̲l̲y̲s̲s̲e̲: "réduit à son seul texte et sans le secours d'aucun mode d'emploi, comment lirions-nous l'U̲l̲y̲s̲s̲e̲ de Joyce s'il ne s'intitulait pas U̲l̲y̲s̲s̲e̲?"[36]

Les intertitres appartiennent à l'éditeur pour la même raison que le titre relève de son autorité: le titre et les intertitres ne se différant que par l'étendue de leur portée dans l'oeuvre (le titre regarde l'œuvre dans l'ensemble, l'intertitre n'en regarde qu'une partie spécifique), il est naturel qu'ils partagent les mêmes caratéristiques. Nous éviterons donc de revenir aux généralités. Plutôt nous nous concentrons ici sur un type particulier des intertitres, à savoir ceux du roman épistolaire, d'abord parce que le roman épistolaire comprend une partie importante du roman à éditer, mais aussi parce que la discontinuïté inhérente à la forme épistolaire donne un statut spécial aux intertitres du roman par lettres.

Selon Genette, le roman épistolaire est d'un genre "où la division du texte est en quelque sorte mécanique, et accompagnée de mentions que l'on ne peut considérer comme des titres, et qui en empêche la présence".[37] De ce point de vue, les en-têtes ne constituent pas d'intertitres. Il faut pourtant noter ici que l'emploi des en-têtes n'est pas aussi automatique qu'il n'apparaît. Car il existe une grande variété dans la forme spécifique des en-têtes que chaque oeuvre adopte. Seule la désignation du destinateur et du destinataire offre plusieurs possibilités différentes. Ainsi, certains auteurs en font-ils un moyen indirect de l'illusion.

L'exemple de Restif de la Bretonne nous donnera une idée concernant cette force manipulative des en-têtes. Dans <u>Le Nouvel Abeilard</u>, l'en-tête de la correspondance entre les "deux amants qui ne se sont jamais vus" n'a comme nom que le nom de baptême de l'héroïne. L'absence du nom de famille d'Héloïse et celle du nom d'amant a une double importance pour l'interprétation du roman.

D'abord, l'absence du nom de famille met en relief l'ignorance des amants de la véritable identité de leur destinataire comme d'ailleurs le valorise l'éditeur dans sa note. L'éditeur ajoute une note à la première lettre d'Abeilard en tête de laquelle le jeune homme a mis "A Héloïse":

> Abeilard ne mettait que cela: mais sa Mère ajoutait toujours une enveloppe, sur laquelle était la suscription ordinaire : <u>A Mademoiselle De-Gurgis</u>,[...]; & de même pour la Réponse, [...].[38]

Si cet en-tête correspond à celui dans l'original, il n'en reste pas moins qu'il reflète l'intervention de l'éditeur. Car, la décision de garder l'en-tête original fait partie des diverses décisions que fait l'éditeur sur la forme finale de l'oeuvre. D'ailleurs, l'en-tête de la lettre d'Héloïse met au clair la part de l'éditeur dans la décision des en-têtes: car dans une correspondance réelle, qui commence sa lettre en mettant "Réponse" ou "D'Héloïse" comme le fait l'héroïne?

 Notre deuxième point concerne justement la signification du changement d'en-têtes. En adoptant "D'Héloïse" comme le pendant de "A Héloïse" employé par Abeilard, l'éditeur recommande un mode particulier de lecture. Car personne ne manquera de voir ici l'affinité de ces en-têtes avec ceux de <u>La Nouvelle Héloïse</u> où la correspondance entre Saint-Preux et Julie est marquée seulement par le nom de Julie. L'intertexualité apparente du titre est ainsi renforcée à l'intérieur même du texte. La force manipulative de ce procédé est évidente: le lecteur, guidé pour ainsi dire à chaque page par la force évocatrice de ce pastiche, ne manquera pas de lire ces lettres à la lumière de l'original.

    Il en va de même pour les indications de la date et du lieu en ce sens que le simple choix de leur présence ou de leur absence dans le texte a un effet considérable dans la lecture. Pour montrer par un seul exemple ce qui est en jeu ici, il suffit de nous rappeler celui de la chronologie: la chronologie dressée en vigueur donne l'impression d'une plus grande exactitude temporelle tandis que l'absence de date laisse une plus grande liberté à l'imagination du lecteur. L'exemple le plus caractéristique de la datation exacte serait <u>Les Liaisons dangereuses</u> où il y a une chronologie sans faille. Ce mode de datation est une partie intégrale de la "géométrie sensible" dont parle Seylaz, dans la mesure où, de cette façon, l'on sent "une pulsation régulière du temps" qui contribue à faire lire "le long roman sans que le lecteur éprouve le sentiment qu'il y a des longueurs ou que le roman piétine".[39]

    Par contre, dans les <u>Lettres de la Marquise de M*** au Comte de R***</u> de Crébillon, les lettres ne sont pas datées. En l'absence d'indication temporelle, on ne peut pas situer les actions dans un temps historique, ni en déterminer la durée. Pour Peter Conroy, ce manque de datation est intentionnel, et vise à un effet spécifique:

> Free of rigid temporal dimension, this correspondance can be read as a long affair protracted across many years or as a short exchange, bunched up into several months. [...] Depending upon each new reader and each different interpretation of the text, the intervals between letters are shortened or lengthened. By eliminating his own strict chronology, Crébillon has created a

> neutral, plastic element which is susceptible to various
> alterations and interpretations, thereby permitting a
> looser, more complex novel. [40]

Ici, la datation aussi rigoureuse que celle des <u>Liaisons</u> <u>dangereuses</u> non seulement serait superflue mais aussi nuirait à l'esthétique du roman en fixant l'histoire dans un temps figé. D'ailleurs, que ferait "le temps objectif" dans une histoire du coeur où seul "le temps vécu" compte?

Il est maintenant clair que les indications diverses qui remplissent l'espace vide entre les lettres ont des portées esthétiques non négligeables dans la structure de signification du texte. Il est vrai que souvent ces activités sont invisibles: le lecteur ne s'en rend guère compte en les confondant avec les activités des épistoliers individuels. Pourtant, il existe un type d'intituleur, dont l'activité est très visible. C'est le cas de Pierrot, le personnage-éditeur de <u>La Paysanne pervertie</u>. Dans cette oeuvre, chaque lettre est précédée d'un résumé de Pierrot. À la tête de la lettre VIII d'Ursule à Fanchon par exemple, il indique:

> Elle conte à ma femme différentes choses, où l'on voit
> comme dès lors elle s'accoutumait à voir en autrui des
> faiblesses excusables: de plus fortes eussent été moins
> pervertissantes. [41]

Ce commentaire peut être classé comme un intertitre: car il ne diffère pas en lui-même des intertitres thématiques des romans ironiques ou comiques. Pour prouver cela, comparons-le avec celui qui se trouve à la tête du chapitre XVI du deuxième livre de *Joseph Andrews*. Voici le titre: "A very curious adventure, in which Mr. Adams gave a much greater instance of the honest simplicity of his heart than of his experience in the ways of the world."[42] Restif et Fielding ne diffèrent pas beaucoup dans leur manière d'intituler: sans préciser de quoi il s'agit, tous les deux communiquent au lecteur ce qu'il faut retenir dans la lecture; chez Restif, l'affaiblissement moral d'Ursule; chez Fielding, l'honnêteté et l'inexpérience de M. Adams.

Dans leur situation de l'énonciation pourtant, les deux titres diffèrent radicalement: chez Restif, l'intertitre et le texte sont de deux ordres bien distincts tandis que chez Fielding, le destinateur de l'intertitre est identique à celui du récit. En d'autres termes, si dans *Joseph Andrews*, l'instance narrative de l'intertitre et celle du narrateur du récit se situent dans le même niveau fictif, dans *La Paysanne pervertie*, celle du récit se situe à un niveau inférieur à celle de l'intertitre. Car si dans la lettre, Ursule s'adresse à Fanchon, sans aucun égard au lecteur réel, dans l'intertitre, Pierrot en tant qu'éditeur s'adresse au narrataire extradiégétique.

Cette situation ressemble à l'aparté théâtral: tous les deux s'adressent aux gens d'un monde extérieur à l'univers fictionnel de l'oeuvre. Ce clin d'oeil fait par dessus l'épaule des autres personnages a comme effet de montrer l'artificialité de la fiction. Par l'aparté, le spectateur adressé ainsi prend conscience de la fictivité fondamentale de ce qui se passe sur la scène parce que cette interpellation le fait sortir de l'assouvissement abêtissant de la fiction en lui rappelant sa propre existence. Pareillement, l'intertitre de La Paysanne pervertie distancie le lecteur du monde fictif des personnages pour lui rappeler son statut actuel, c'est-à-dire celui du lecteur. Comme Restif prétend faire de son roman un véritable manuel de la morale, cette distanciation a un sens primordial pour la lecture. Car comment développer chez le lecteur la faculté critique, condition nécessaire au jugement moral, sans le distancier de la fiction? En ce sens, la directive de la lecture de La Paysanne pervertie se trouve moins au niveau dénotatif qu'au niveau connotatif des intertitres, c'est-à-dire, moins dans la leçon morale mise en avant dans les intertitres que dans la façon dont l'éditeur la communique.

xi. Personnage-éditeur

Le personnage dans le roman joue souvent un rôle semblable à celui de l'éditeur extradiégétique. Il s'agit ici des actions des personnages vis-à-vis des lettres qu'ils échangent, soit les leurs, soit celles des autres. Nous pouvons distinguer ici deux différentes sortes d'actions: l'une concerne la matérialité de la lettre, tandis que l'autre met l'accent sur l'attitude critique des personnages vis-à-vis de l'écriture. Ici, la distinction qu'a fait Tzvetan Todorov de l'aspect littéral et de l'aspect matériel de la lettre nous servira à mettre au point la différence essentielle de ces deux activités du personnage-éditeur.[43]

Selon Todorov, la lettre a trois aspects essentiels dont l'aspect littéral et l'aspect matériel. D'abord, on met en valeur l'aspect littéral de la lettre quand on s'occupe de l'expression plus que du contenu: quand la Marquise de Merteuil commente sur "la divine Présidente", elle ne se demande pas si cette expression est conforme à la qualité personnelle de la Présidente - elle ne pense pas à l'aspect référentiel de la lettre, selon la terminologie de Todorov; elle pense plutôt à l'état d'âme de Valmont qui se montre par cet adjectif "divine". Ensuite, l'aspect matériel de la lettre "prend la forme d'une feuille de papier sur laquelle cette lettre est écrite, de l'encre de l'écriture".[44] En un mot, c'est la présence même de la lettre qui constitue l'aspect matériel de la lettre.

Le personnage-éditeur exploite les possibilités que donnent ces deux aspects de la lettre. D'abord, au niveau matériel, il rassemble les lettres. Souvent, il manipule la correspondance en interceptant, choisissant et quelquefois contrefaisant les lettres. Mme de Rosemonde des <u>Liaisons dangereuses</u> joue le rôle de l'éditeur en rassemblant une grande partie des lettres qui constituent le roman. Saint-Preux et M. de Wolmar jouent un rôle semblable en gardant les lettres. D'ailleurs, Saint-Preux va jusqu'à copier les lettres de Julie et à en faire un recueil. Dans <u>La Paysanne pervertie</u>, l'éditeur principal, à savoir, Pierrot, illustre la métamorphose d'un personnage du roman en éditeur: quoiqu'il ne soit pas lui-même épistolier, il est un personnage du roman dans la mesure où il est non seulement le frère d'Ursule, l'héroïne du roman, mais aussi le destinataire de plusieurs lettres.

Souvent, la manipulation de la correspondance par un personnage devient un élément d'une importance décisive dans le développement des événements. Dans <u>Clarissa</u>, Lovelace intercepte les lettres de Clarissa et celles d'Anna Howe.[45] Sans cette interception, Clarissa, avertie par Anna, ne serait pas retournée chez Miss Sinclair où elle se fait violer par Lovelace. Dans <u>Pamela</u>, l'interception des lettres résulte en une fin plus heureuse. Mr. B., après avoir lu les lettres de Pamela à son insu, est amené à aimer Pamela non seulement comme un objet sexuel mais aussi pour sa franchise et sa vertu. Ce changement dans la nature de son amour joue un rôle crucial dans sa décision d'épouser Pamela. Le pouvoir quasi infini de l'éditeur sur le manuscrit est encore une fois mis en valeur par l'intention sournoise de Valmont dans <u>Les Liaisons dangereuses</u> à l'égard des lettres de Cécile: il pense qu'en choisissant habilement les lettres, il peut compromettre non seulement Cécile elle-même mais aussi sa mère:

> [...] en choisissant bien dans cette correspondance [celle entre Cécile et Danceny], et n'en produisant qu'une partie, la petite Volanges paraîtrait avoir fait toutes les première démarches, et s'être absolument jetée à la tête. Quelques-unes des lettres pourraient même compromettre la mère, et "l'entacherait" au moins d'une négligence impardonnable.[46]

Deuxièmement, au niveau littéral, le personnage-éditeur commente, annote et réfléchit sur la lettre comme nous l'avons vu dans le cas de la Marquise de Merteuil. S'il est vrai que dans

Les Liaisons dangereuses, la Marquise de Merteuil aussi bien que Madame de Rosemonde jouent le rôle de l'éditeur, leurs rôles diffèrent l'un de l'autre en ce sens que si celle-ci contribue au rassemblement du "recueil", l'attention de celle-là est portée au contenu de ce "recueil". En d'autres termes, Mme de Rosemonde joue le rôle du découvreur et de l'organisateur alors que la Marquise joue le rôle du correcteur, annotateur ou de commentateur.

Le personnage-éditeur n'est pas une fonction proprement dit de l'éditeur. C'est plutôt un mode spécial de son existence: il se distingue des autres fonctions par le fait que ses activités font partie des événements dans le roman. Le personnage-éditeur peut donc assumer en principe tous les rôles de l'éditeur. Si souvent, ces personnages sont inventés pour accréditer l'authenticité de l'oeuvre, ils sont non moins importants au niveau esthétique: ils illustrent les activités de l'éditeur dans l'univers romanesque de sorte que le lecteur prend conscience de ce personnage invisible d'éditeur extradiégétique. Grâce à cette mise en abîme, le lecteur comprend la part de l'éditeur dans le système significatif de l'oeuvre. Car si le personnage-éditeur influe tellement sur le lecteur intradiégétique, quelle serait l'influence de l'éditeur sur nous, qui n'avons pas d'autres sources que ce que l'éditeur a décidé de nous faire savoir?

Le personnage-éditeur illustre aussi la transformation du destinataire en destinateur: quand un personnage commente sur les lettres qu'il reçoit, on voit qu'il est après tout un lecteur.

Pourtant, ses commentaires sont les énoncés qui, à leur tour, influent sur son destinataire. Les commentaires du personnage sont donc un message envoyé aux autres lecteurs en même temps qu'ils sont eux-mêmes les produits de la lecture.

Encore une fois, Les Liaisons dangereuses nous donne un excellent exemple de la lecture qui est en même temps une arme efficace de la guerre épistolaire: la lecture faite par la Marquise de la lettre de Valmont détermine les actes de ce dernier; il essaie de choisir les mots pour ne pas se trahir; il rompt avec la Présidente pour ne pas s'attirer la moquerie de la Marquise. Pourtant, ce n'est pas seulement Valmont à qui la lecture de la Marquise s'impose: nous, les lecteurs réels, subissons aussi son influence. Car sans ses commentaires, nous aurions du mal à tracer la "conversion" de Valmont. La portée des commentaires de Merteuil pour ainsi dire déborde le monde romanesque pour s'étendre jusqu'au monde actuel dans lequel nous vivons.

La lecture n'est jamais une activité passive. Or, la double existence de l'éditeur (et du personnage-éditeur) en tant que lecteur et auteur donne à sa lecture un statut tout spécial: ce n'est plus qu'un acte de décodage mais c'est aussi celui d'encodage. Car, si d'un côté, l'éditeur a la distance nécessaire pour une lecture objective, d'un autre côté, il a, à la différence des autres lecteurs, droit à la parole pour faire part de ce qu'il a appris par sa lecture.

Si la fonction-destinataire de l'éditeur n'est qu'une fiction et s'il est vraiment le destinateur de la communication littéraire, il faut nous demander quel rôle il joue dans la narration. Comme nous l'avons vu plus haut, la fonction de l'éditeur consiste en diverses activités souvent sans rapports l'une avec l'autre. D'ailleurs, on voit que chaque roman nous montre un éditeur qui a différentes combinaisons des fonctions possibles de l'éditeur. Par exemple, l'éditeur des <u>Lettres persanes</u> est le découvreur, le copiste, le traducteur, et l'annotateur, tandis que dans <u>La Vie de Marianne</u>, Marivaux est seulement le correcteur, son ami anonyme jouant le rôle du découvreur.

Pour la discussion de la fonction de l'éditeur dans le roman, les cinq fonctions du narrateur que Genette distingue dans le roman nous serviront de repère.[47] Elles sont: la fonction narrative, la fonction de régie, la fonction de communication, la fonction testimoniale et la fonction idéologique. Selon Genette, la fonction narrative est celle de raconter: elle se rapporte donc à l'histoire. La fonction de régie se rapporte au "texte narratif"; elle consiste à signaler l'organisation interne du discours; la fonction de communication est celle de s'adresser directement au narrataire; la fonction testimoniale est celle d'indiquer la source de ses informations, son rapport affectif, moral ou intellectuel avec l'histoire qu'il raconte; la fonction idéologique consiste à donner le jugement, le commentaire interprétatif à l'égard des personnages, des événements, et des situations dans l'histoire.

La fonction narrative du narrateur équivaut plus ou moins à celle de l'informateur: l'éditeur n'est pas dépourvu de la possibilité de raconter. Pourtant, cette fonction est une convention que les auteurs essaient d'éviter: dans le roman à éditeur, en principe, ce sont les personnages-narrateurs qui doivent raconter leur histoire. Aussi, Richardson tâche-t-il d'éviter l'intervention directe de l'éditeur dans <u>Clarissa</u> en introduisant une multiplicité de voix pour ne pas répéter la transgression beaucoup critiquée de l'intervention non-expliquée de l'éditeur dans l'histoire de <u>Pamela</u>.

La fonction de régie consiste en réflexion sur le travail du narrateur comme organisateur d'une unité, c'est-à-dire l'histoire qu'il raconte. Dans le processus de l'édition, c'est l'annotateur qui assume ce rôle. Car, nous l'avons vu, l'explication du travail de l'éditeur appartient à l'annotateur. Celui-ci a aussi une fonction idéologique: il s'agit de mettre en valeur un certain aspect du personnage en corrigeant son style, sa citation comme nous l'avons vu dans le cas de Julie.

Le commentateur assume la fonction idéologique. D'ailleurs c'est une fonction plus caractéristique de l'éditeur que du narrateur parce que la distance entre l'éditeur et le "manuscrit" lui permet de faire des commentaires directs au lecteur sans que le message du roman paraisse trop univoque; les commentaires trop apparents du narrateur omniscient diminuent la valeur esthétique du roman en en faisant un "roman à thèse". Dans le roman à éditeur, nous avons comme voix principale celle des personnages qui contrebalancent l'interprétation de l'éditeur. D'ailleurs celui-ci a un rôle beaucoup plus marginal que le narrateur dans le roman.

D'autres fonctions visibles de l'éditeur, à savoir, copiste, traducteur, découvreur peuvent avoir la fonction de communication. D'ailleurs, la fonction de communication serait la fonction la plus saillante de l'éditeur en ce sens qu'il s'adresse toujours au lecteur. Il est vrai que le narrateur s'adresse en principe au lecteur parce qu'il faut toujours un auditeur dans la communication: même le journal intime suppose un lecteur quoique ce lecteur soit, bien entendu, l'auteur lui-même. Pourtant souvent, dans une narration, la place donnée au lecteur est minime, si sa présence est jamais signalée. Par contre, toutes les activités de l'éditeur présupposent la présence d'un public, car c'est pour le public que l'éditeur annote, commente, copie, traduit, etc..

La fonction testimoniale est en principe impossible chez l'éditeur sauf dans le cas où il se sert de l'informateur. Il peut nous faire savoir qu'il tient du manuscrit supprimé l'information qu'il nous donne. Pourtant ce rôle est aussi une transgression de la convention de l'éditeur comme d'ailleurs l'est le rôle de l'informateur dans l'ensemble. Car ce n'est pas lui qui est la source du savoir mais plutôt les personnages-narrateurs dont nous tenons notre information: l'éditeur ne peut avoir d'émotion vis-à-vis des événements qu'il n'a pas vécus. Il est vrai que quand l'éditeur connaît les acteurs du drame, ses commentaires jouent souvent le rôle du témoignage. Par exemple, dans <u>La Paysanne pervertie</u> où Pierre qui joue le rôle de l'éditeur est le frère de l'héroïne, la fonction testimoniale est la fonction la plus caractéristique de l'éditeur. Car les réflexions morales de l'éditeur sont imbibées des émotions personnelles. Ainsi, l'usage fréquent des points d'exclamation:

> Que de précautions, hélas! pour se rendre malheureuse!
> Si elle [Mme Parangon] avait vu Edmond, qu'elle lui eût
> parlé, il la suivait, il l'épousait, et ... mon père et
> ma mère vivraient encore... Mais il fallait que le crime
> fût puni....[48]

Pourtant, ces cas sont plus les exceptions que la règle. D'ailleurs, il est souvent difficile de distinguer la fonction testimoniale de la fonction idéologique dans la mesure où, comme dans le cas de Pierre, l'émotion de l'éditeur sert le plus souvent à mettre en valeur le but didactique du roman.

On voit ici que l'éditeur peut assumer toutes les fonctions du narrateur, quoique l'accent soit mis sur d'autres aspects chez l'un et chez l'autre: chez le narrateur la fonction narrative est la fonction la plus importante tandis que la fonction idéologique et celle de communication sont mises en valeur chez l'éditeur. Pourtant, chez l'éditeur, ces deux fonctions se répartissent dans les diverses fonctions de l'éditeur de sorte qu'aucune fonction parmi les dix fonctions que nous avons vues plus haut n'est indispensable tandis que pour le narrateur ces cinq fonctions sont inévitables quoiqu'en principe les quatre fonctions autres que la fonction narrative ne soient pas indispensables. Ce qui reste à souligner ici, c'est que l'éditeur est une forme spéciale du narrateur chez qui la fonction idéologique est poussée à l'extrême de sorte que la fonction principale du narrateur, à savoir, la fonction narrative, reste à l'arrière-plan. Le roman à éditeur réussit en quelque sorte à garder le point de vue subjectif des personnages qui vivent les événements ainsi que l'interprétation objective de ces événements en séparant la narration et le jugement. En ce sens, le roman à éditeur exploite la possibilité du double registre: si les romans-mémoires de Marivaux mettent en valeur la différence du point de vue du moi-personnage et de celui du moi-narrateur en accentuant l'objectivité de celui-ci, le roman à éditeur pousse les deux points de vue à l'extrême pour donner à chacun son plein pouvoir. Nous pouvons donc dire que le recours à l'éditeur est un procédé qui rend possible l'équilibre si difficile à atteindre entre le subjectivisme et l'objectivisme qui marquent les deux tendances principales de la connaissance humaine depuis le temps de l'Antiquité.

II. LA FICTION DE L´EDITEUR ET LA THEORIE DU ROMAN: L´EDITEUR DANS LA PREFACE

1. INTRODUCTION

Au XVIIIe siècle, la préface semble être devenue quasi obligatoire dans la composition du roman: quelquefois on l´écrit, prétend-on, par pure formalité. Prévost illustre cette attitude dans "L´Avertissement" de L´Histoire d´une Grecque moderne:

> Cette histoire n´a pas besoin de préface; mais l´usage en demande une à la tête d´un livre. Celle-ci ne servira qu´à déclarer au lecteur qu´on ne lui promet, pour l´ouvrage qu´on lui présente, ni clef des noms, ni éclaircissements sur les faits, ni le moindre avis qui puisse lui faire comprendre ou deviner ce qu´il n´entendra point par ses propres lumières [1].

Ici, en déclarant le caractère gratuit de sa préface, Prévost offre une image de l´auteur impuissant sous la pression accablante de la convention. Pourtant, ce début est trompeur. Car malgré ses dénégations réitérées, cette préface assume une fonction très importante dans la structure globale du roman: la fiction de l´éditeur qui y est développée détermine le mode de la lecture en donnant à l´oeuvre le statut documentaire. Loin d´être un hors-d´oeuvre sans fonction, la préface est essentielle pour la création de l´illusion à une époque où on ne distingue pas la vérité romanesque de la vérité historique.

En effet, la préface est la partie la plus importante du roman pour la fiction de l'éditeur. Car non seulement toutes les fonctions de l'éditeur que nous avons établies dans la première partie peuvent être présentées dans la préface, mais comme dans le roman-mémoires qui est le mode dominant de la production romanesque de la première moitié du XVIIIe siècle, [2] nous ne trouvons souvent aucune trace de l'éditeur au cours du roman sauf dans la préface. L'importance capitale qu'a la préface dans la fiction de l'éditeur est d'ailleurs dûe à l'origine même de cette convention. Selon M. J. Kelly, dès le début de la production des livres imprimés, "l'imprimeur" écrit la préface "to explain the details of the publication, to clarify his intentions in presenting it to the public, and to describe aspects of the work and its theme".[3] Cette pratique est un moyen par excellence de l'illusion parce que "the objectivity, impersonality, and the authority of print [...] further the impression of realism".[4] En d'autres termes, l'auteur, en se posant comme éditeur, veut s'approprier l'autorité de l'imprimeur que la tradition a rendue impersonnelle. Ainsi, il est naturel que ce soit surtout son privilège de préfacier que le romancier veut faire sien.

Vers la deuxième moitié du siècle, avec l'expansion du roman épistolaire, la fiction de l'éditeur s'étend jusque dans le roman proprement dit. La technique de l'éditeur se raffine au fur et à mesure que la présence de l'éditeur se fait sentir dans l'oeuvre entière. Pourtant, comme le revers de la médaille, ce raffinement est le signe de la désagrégation de la convention. Car elle est l'indice du malaise de l'auteur aux prises avec une convention qui touche à la désuétude: pour réagir contre un public devenu de plus en plus soupçonneux l'auteur est obligé d'inventer des techniques plus raffinées. En effet, Kelly constate qu'en Angleterre, la fiction de l'éditeur cesse d'être opératoire dès le milieu du siècle: il est devenu de plus en plus difficile de trouver une forme plus originale de la fiction de l'éditeur. D'ailleurs, vers la fin du siècle, avec l'ascension du genre romanesque dans la hiérarchie littéraire, la nécessité de recourir à la convention de l'éditeur diminue.[5] En France, l'attitude ironique de l'auteur de L'Histoire de Guilleaume vis-à-vis de la convention de l'éditeur montre que dès 1737, cette convention est assez usitée: "je ne suis point en aucune façon quelconque l'auteur aussi caché qu'anonyme" dit-il.[6] Vers 1750, même le lecteur ordinaire commence à douter de la véracité de la prétention de l'éditeur.[7] Pourtant, cette tendance est loin d'être décisive comme le témoigne une multitude de lettres des lecteurs de La Nouvelle Héloïse qui s'illusionnent sur l'existence de Julie malgré la position équivoque de Rousseau.[8]

La thèse de doctorat de June Moreland Legge éclaircit en partie ce problème en nous présentant une image générale de la convention qui régit la préface du XVIIIe siècle.[9] Quoique limitée par la période et par son accent sur l'aspect statistique, cette étude est unique dans la mesure où elle met au clair l'aspect formel de la préface tandis que les autres études sur la préface du XVIIIe siècle se concentrent surtout sur les idées esthétiques en cause dans la préface.[10] La période que Legge a choisie est d'ailleurs une période très significative pour notre étude. D'abord, les trois romans que nous analysons sont soit contemporains, soit immédiatement ultérieurs à cette époque: l'étude de Legge situe ces trois oeuvres vis-à-vis de la convention quasi-contemporaine du roman. Deuxièmement, écrites au milieu du siècle, les préfaces de cette époque révèlent la convention la plus caractéristique du siècle: la réhabilitation du roman comme genre littéraire étant accomplie vers 1770,[11] l'astuce des romanciers pour "authentifier" leur roman atteint son apogée à cette époque; nous avons devant nous une convention dans sa forme la plus mûre.

Il faut donc, en examinant la convention que Legge met en valeur comme caractéristique de cette époque, ne pas perdre de vue le fait qu'elle contient le germe de sa propre désagrégation. Car il faut considérer nos trois romans non seulement vis-à-vis de la convention mais aussi dans le cadre de la direction que le roman en général prend pour la subvertir.

Selon Legge, la majorité des romans de cette époque est précédée de la partie préfatoire.[12] Si cette statistique n'a rien d'étonnant vu que la préface est ressentie dès 1740 comme une partie nécessaire du roman,[13] il faut remarquer ici qu'en délimitant son anaylse seulement dans la préface qui "précède" le roman, Legge exclue de sa discussion les "postfaces". Cette exclusion suggère déjà que les deux "postfaces" que nous incorporons dans notre étude de la préface (celles de La Religieuse et de La Nouvelle Héloïse) constituent une anomalie: c'est une pratique non suffisamment exécutée pour s'établir dans la convention. L'existence même de la postface est donc porteuse de signification. Car toute transgression de la convention reflète une prise de position vis-à-vis des règles établies. Il est vrai que le romancier du XVIIIe siècle a recours à la postface en partie parce que la préface est tombée dans la disgrâce auprès du public. L'aversion du lecteur pour la préface est devenue un fait universellement reconnu à la deuxième moitié du XVIIIe siècle. Aussi, en 1763, un auteur anonyme déclare-t-il hautement: "[l]e discrédit des Préfaces est si connu qu'il faut être bien hardi, ou bien esclave de l'usage pour en faire une".[14] Ce qui rend cette déclaration ridicule pourtant, c'est le fait que cet auteur prononce cet arrêt par le biais d'une "Préface".

Beliard échappe à cette situation absurde en décidant de publier un "Ouvrage orné d'une Post-face". Dans sa postface, Beliard prétend que la postface n'a pas seulement le charme de la nouveauté, avantage commun à toute invention nouvelle, mais elle a une supériorité réelle sur la préface. Selon lui, la préface est d'avance vouée à l'échec:

> La cause de ce dégoût presque général des Préfaces est-elle si difficile à trouver? Le discours le plus beau, la dissertation la mieux écrite, sur un sujet qu'on ignore, ne nous paroîtront-ils pas toujours insipides? Point de plaisirs sans intérêt: en est-il pour ce qu'on ne connaît pas?[15]

Par contre, la postface intéresse davantage le lecteur dans la mesure où comme le lecteur lit l'ouvrage avant de lire la postface, il est en état de comprendre mieux ce qui y est avancé:

> Est-il douteux qu'on ne s'intéresse à ce qui peut y avoir rapport? Une sorte d'amour-propre ne nous y porte-t-elle pas? N'est-on pas charmé de voir, si ses jugemens se rapporteront avec les motifs de l'Auteur; s'il pourra justifier les fautes que l'on y a trouvées? Quel plaisir pour un Lecteur de sentir toute l'invalidité des raisons qu'on lui donne! [...].[16]

Bref, si la préface est un monologue, la postface vise au dialogue: la discussion devient un vrai échange de vues entre l'auteur et le lecteur dans la mesure où le lecteur, ayant lu le livre, a une base solide sur laquelle fonder son jugement.

Rousseau exprime la même idée quand il explique la raison pour laquelle il a décidé de ne pas mettre la préface dialoguée de La Nouvelle Héloïse à la tête de l'oeuvre. Selon lui, ce n'est pas seulement la longueur mais aussi la nature même de cet écrit qui en est cause: "J'ai cru d'ailleurs devoir attendre que le livre eût fait son effet, avant d'en discuter les inconvénients et les avantages, [...]" dit-il.[17] Ce n'est donc pas par hasard que "la Préface-Annexe" comporte une "Question aux Gens de Lettres" sur l'esthétique romanesque et que la préface dialoguée s'institue "Entretien sur les Romans". Car quoi de plus naturel pour une postface de prendre une forme de dialogue, quand c'est pour instituer un rapport dialogique entre le lecteur et l'auteur qu'on adopte cette forme particulière du paratexte?[18]

En ce qui concerne le titre, "préface" est le titre le plus utilisé, "avertisement", "à..." et "avis" la suivant en fréquence (80%). Or, Legge a trouvé un rapport intéressant entre le titre de la préface et l'identité du destinateur titulaire: "avis" et "avertissement" sont très souvent censés être écrits par l'éditeur tandis que le titre "préface" est employé sans autres éléments déterminatifs: "usually the title 'préface' [...] unlike the 'avis' [...] was not connected with a titular addressor".[19] Il faut remarquer aussi que l'éditeur, (y compris le traducteur et le libraire) est plus souvent nommé dans le titre de la préface que l'auteur: quand celui-là est le destinateur de la préface, il est nommé dans la majorité des cas tandis que l'auteur ne se nomme que rarement dans le titre de la préface. [20]

Cette pratique est grandement dûe à l'illusion de la vérité. Le romancier du XVIIIe siècle essaie de donner l'impression que l'éditeur est différent de l'auteur et de créer l'illusion que l'éditeur est un personnage à l'extérieur de la production du roman. Pour accentuer cette distance, il faut donc la souligner dès le début en précisant le destinateur dans le titre même de la préface. La fiction de l'éditeur ainsi mise en valeur, la préface devient une partie organique du roman. C'est d'ailleurs ce qui différencie la préface du XVIIIe siècle (celle du roman à éditeur, plus précisément) de celle des autres siècles: au XVIIIe siècle, la préface n'est pas seulement le lieu de la discussion théorique: la fiction commence dès la préface tandis que dans celle du XIXe siècle par exemple, l'intérêt principal de la préface réside dans la théorie du roman qui y est développée.[21] En d'autres termes, dans un roman à éditeur, la préface est inclue dans le monde romanesque tandis que dans celle du XIXe siècle, on reste au niveau méta-narratif.

L'élément étroitement lié à la pratique de l'éditeur est celui de la source. Autrement, comment expliquer la publication d'une oeuvre quand l'éditeur, par son titre même, désavoue toute paternité littéraire de l'ouvrage? Parmi 194 préfaces examinées par Legge, 48 contiennent la description de la circonstance concernant la source. Legge ne pousse pas la discussion jusqu'à établir le rapport entre l'éditeur et la source. Pourtant il n'est pas difficile de voir un rapport étroit entre les deux: l'occurence de la discussion concernant la source équivaut à peu près à celle de l'éditeur (47 éditeurs, 48 sources).[22] Nous l'avons vu, la fiction de la découverte est l'élément le plus important de la fiction de l'éditeur. Pourtant, comme nous avons déjà examiné cette convention, nous soulignerons ici seulement le fait qu'elle est une pratique trop usée pour ne pas se prêter au ridicule. En effet, la parodie de Baret concernant la fiction du manuscrit semble annoncer sa fin imminente en même temps qu'elle illustre son aspect le plus caractéristique:

> Le manuscrit est, comme on peut s'y attendre, d'un Auteur _merveilleux_, d'une ancienneté _unique_, d'une rareté singulière; il a échappé à l'ordinaire, aux écroulemens des Palais, aux embrasemens des Villes, aux destructions des Empires. [23]

De la même manière, quoique d'un ton plus sérieux, un auteur anonyme met en valeur la disgrâce de la fiction de la découverte en prévoyant la réaction de ses lecteurs:

> La singularité de ce Roman engage à le donner au Public;
> c'est encore un Manuscrit trouvé, Où? Comment, par qui?
> Ces circonstances peu intéressantes seroient trop lon-
> gues à détailler, on ne nous en croiroit pas davantage.
> [24]

Pourtant, ce même auteur n'hésite pas à affirmer la vérité fondamentale de son ouvrage en fournissant les "preuves" supplémentaires:

> Ce qu'il y a certain, c'est que nous avons en main les
> Piéces [sic] originales, elles étoient jointes au Manus-
> crit rédigé comme il est; nous les avons confrontées
> successiveement, & nous y avons trouvé très peu de
> différence.[25]

Nous voyons ici que la critique de la convention sert à valoriser le caractère véritable de l'ouvrage qu'on publie. Contant D'Orville adopte la même stratégie dans "l'Avertissement" de L'Enfant trouvé; ou Mémoires de Menneville. D'abord, il commence par attaquer les autres:

> Encore une Brochure?... C'est sans doute un Roman? & de
> plus, une Traduction Anglaise? Les Auteurs de ce siè-
> cle, peu riches de leur propre fonds, ont recours à ces
> petites subtilités, pour faire passer leur inepties.
> Ils se préparent une excuse apparente: si le Livre est
> méchant, c'est à l'Original qu'on doit s'en prendre:
> s'il est médiocrement bon, l'on n'a pû sauver toutes les
> fautes; c'est assez bien d'avoir enrichi son modèle.
> Mais si l'Ouvrage mérite un plein succès, c'est un bien
> que l'Auteur réclame; l'idée de traduction disparaît,
> elle n'a servi que de voile à la modestie; on rentre
> dans ses droits.[26]

Après ce prologue, Contant d'Orville affirme l'authenticité des lettres de Menneville avec un renouveau d'énergie:

> Ces Lettres, bonnes ou mauvaises, sont d'une autre espèce. La fiction n'est que dans les noms, tout le reste est véritable; & l'on pourroit en prendre à témoin des personnes respectables qui vivent encore. [...] Au reste, le style, avec raison, peut être critiqué; il se ressent de l'âge & des infirmités du Vieillard qui a tracé ces lettres. Il déposoit ses malheurs dans le sein de son ami; [...].[27]

De ce point de vue, ces auteurs ne diffèrent pas des romanciers qui adhèrent sans réserve à la fiction de l'éditeur: leur critique est moins une mise en cause de la supercherie littéraire qu'un moyen de la revitaliser. Il faut donc considérer ces critiques moins comme un dévoilement total de la fictivité de l'oeuvre que comme une autre technique qu'emploie l'auteur pour revendiquer pour son oeuvre un statut différent des autres "romans". Car comme remarque Stewart, en doutant de la véracité de l'histoire, "he [the editor] temporarily adopts the reader's skepticism, the better to dispel it".[28]

Parfois, l'auteur semble s'aligner totalement avec le lecteur incrédule en introduisant un éditeur sceptique. Selon Legge, dans environ 20 pour cent des préfaces qui explicitent la source, un personnage (souvent l'éditeur) se pose comme sceptique vis-à-vis de la question de la vérité.[29] Dans la préface des <u>Intrigues historiques et galantes du serrail</u> [sic] par exemple, "le traducteur" annonce:

> L'histoire qu'on va lire a si peu de vraisemblance, qu'il n'y a personne, quelque crédule qu'il soit, qui puisse y ajouter foi. Cependant Cara-mi-out, Auteur Arabe d'où j'ai tiré fidèlement, soutient à chaque page de son manuscrit qu'elle est très véritable. [30]

Par cet avertissement, le lecteur est mis en garde sur la prétention à la vérité de l'Auteur Arabe. Pourtant, l'essentiel n'est pas touché: son jugement est basé sur les faits intra-littéraires (vraisemblance), non pas sur les informations extra-littéraires que la position privilégiée de l'éditeur pourrait lui procurer. Aussi le lecteur n'a-t-il pas plus raison de le croire que de croire Cara-mi-out. D'ailleurs, en se distançant du manuscrit par sa position critique, "le traducteur" rend la fiction du manuscrit plus vraisemblable: le manuscrit existe vraiment quoique son contenu soit d'une nature suspecte.

De ce point de vue, la mise en scène de "l'éditeur sceptique" n'est qu'un autre moyen de donner le change au lecteur: si on ne peut pas le convaincre de la véracité de l'histoire, on essaie au moins, de convaincre avec plus de crédibilité, de la présence réelle du manuscrit. Pourtant, d'un autre côté, il est difficile de ne pas voir ici un jeu: en avertissant d'avance de la fictivité du récit par un personnage fictif, l'auteur fait un clin d'oeil au lecteur, ainsi partageant avec lui le plaisir de multiplier les niveaux fictifs.

Nous voyons ici que dans la pratique, les auteurs résistent, quoique d'une façon indirecte, à l'esthétique dominante de l'époque, à savoir, celui de la vérité historique. Pourtant, sur le plan théorique, il n'y a guère de changement. Selon Georges May, face aux critiques du mauvais goût, de l'invraisemblance et surtout de l'immoralisme, les romanciers de la première moitié du XVIIIe siècle essaient de défendre le genre romanesque par l'argument, de l'utilité morale en même temps qu'ils introduisent un plus grand degré de réalisme dans leur roman.[31] May compte quatre arguments majeurs parmi la défense des romanciers du XVIIIe siècle contre l'attaque de l'immoralisme: "le tableau de la vie humaine", "la supériorité de l'exemple concret sur la théorie", "la justice immanente" et "les pièges dénoncés". Les buts que les préfaces des années 1760 à 1767 professent ne diffèrent pas considérablement de ce modèle. Selon Legge, plus de la moitié des préfaces de cette époque contient la discussion sur le but du roman. [32] Or, a part dans les préfaces facétieuses qui manquent totalement de sincérité, on constate que l'élément didactique est partout présent comme but proféré du roman.[33] Dans les arguments de cette sorte, on retrouve sans changement les formules que May a avancées: l'instruction par l'amusement (la supériorité de l'exemple sur la théorie, selon la terminologie de May), l'instruction par la peinture des moeurs (le tableau de vie, selon May), l'instruction par la description du vice (les pièges dénoncés, selon May).

Bref, les vieilles formules persistent dans l'argument de la valeur du roman tandis que dans la pratique, nous constatons du changement. Le décalage que Jacques Rustin note entre la pratique du roman et la théorie que les romanciers développent dans leur préface [34] se constate aussi à l'intérieur même de la préface: la technique de la préface sent déjà la désagrégation de la convention de la fiction de l'éditeur tandis qu'on répète la théorie esthétique devenue caduque. Pourtant, l'absence d'une nouvelle théorie du roman empêche, à son tour, la rénovation de la pratique de la préface aussi bien que celle du roman dans l'ensemble: il faut une nouvelle perspective pour la production d'un changement véritable de la pratique. Le nombre non négligeable des préfaces parodiques de cette époque semble être l'indice du malaise des romanciers.

C'est dans ce cadre-ci que nous devons analyser la pratique de la préface de nos trois romans, à savoir, La Religieuse, La Nouvelle Héloïse et Les Liaisons dangereuses. Il est vrai que ces trois romans continuent la fiction de l'éditeur dans la mesure où l'on y trouve des personnages qui se posent comme éditeurs. Pourtant ils échappent à la convention soit par la position ambiguë de l'éditeur (La Nouvelle Héloïse), soit par le dévoilement total de la fictivité (La Religieuse), ou par la contradiction intérieure qui existe entre les préfaces d'une même oeuvre (Les Liaisons dangereuses).

Nous avons vu plus haut que quoique la fiction de l'éditeur dans la préface milite en gros pour le renforcement de la vérité, plusieurs éditeurs se posent comme sceptiques concernant l'authenticité du manuscrit. Notre analyse mettra donc en valeur non seulement le rapport des trois romans avec la convention mais aussi celui avec les romans non conventionnels de l'époque. De cette façon, nous pouvons obtenir une image plus exacte de la portée de ces oeuvres dans l'évolution de la fiction de l'éditeur.

2. UN ROMAN EPISTOLAIRE EN RACCOURCI: LA PREFACE-ANNEXE
   DE LA RELIGIEUSE

La Préface-Annexe de La Religieuse se distingue des préfaces conventionnelles du roman à éditeur sur deux points. D´une part, à la différence des autres préfaces du roman à éditeur, dans La Religieuse l´auteur de la préface n´est pas celui du roman: la Préface-Annexe est écrite par Grimm qui, en 1770, "publie" le récit de mystification du marquis de Croismare dans son journal manuscrit, à savoir dans La Correspondance Littéraire. L´intégration de la Préface-Annexe dans le roman se fait tardivement: au cours de la "publication" de La Religieuse dans le journal de Grimm (1780-1782), Diderot s´est avisé de corriger l´article de Grimm pour en faire la "préface" de son roman. La place qu´occupe la Préface-Annexe dans le roman reflète cette irrégularité de la genèse: elle est en réalité un appendice; car quoique son titre original soit la "Préface du Précédent Ouvrage", elle ne vient qu´à la fin du roman mais non pas au début, la place normale de la préface. D´autre part, il ne s´agit point ici de l´authentification du manuscrit: nous ne voyons aucun personnage qui prétend éditer le manuscrit authentique. Au contraire, le rôle de la Préface-Annexe dans le roman semble résider justement dans la destruction du "literal belief": la Préface-Annexe désillusionne le lecteur en lui faisant voir que les mémoires de Suzanne qu´il a lus ne sont qu´un produit de l´imagination ou pire, un produit de la mystification.

Pourtant, La Religieuse n'en est pas moins un roman à éditeur. Et cela non seulement parce qu'il existe un éditeur dans le "corps" du roman mais aussi parce que la Préface-Annexe elle-même est un roman à éditeur. De ces deux manifestations de l'éditeur, ici, nous nous concentrerons sur la deuxième, réservant la première pour la troisième partie. Dans la Préface-Annexe, c'est apparemment Grimm qui joue le rôle de l'éditeur. Son document? Les lettres de Suzanne et du Marquis de Croismare.

En effet, Vivienne Mylne voit dans la Préface-Annexe "a miniature letter-novel" ainsi mettant en valeur l'unité organique de sa structure.[1] Dans ce roman épistolaire en raccourci, il s'agit de l'histoire d'une religieuse échappée de son couvent et qui cherche de l'assistance auprès d'un marquis qui s'intéresse à son sort. Ce "roman" commence par l'établissement de la correspondance entre les deux personnages et finit par la mort de la religieuse.

Dans ce petit roman, Grimm assume plusieurs fonctions de l'éditeur. D'abord, il joue le rôle du publieur et celui de l'organisateur, en ce sens que c'est dans son article que les lettres sont "publiées" et que d'ailleurs, il les arrange selon la date de leur rédaction. Il est vrai que dans ce récit, il n'y a pas de notes à part. Pourtant, Grimm n'en assume pas moins le rôle de l'annotateur, car nous pouvons trouver parmi ses remarques plusieurs renseignements sur l'état matériel des lettres. Par exemple, après la première lettre du Marquis, Grimm note:

> Il y avait sur l'autre enveloppe une croix, suivant la convention. Le cachet représentait un Amour tenant d'une main un flambeau, et de l'autre deux coeurs, avec une devise qu'on n'a pu lire, parce que le cachet avait souffert à l'ouverture de la lettre. Il était naturel qu'une jeune religieuse à qui l'amour était étranger en prît l'image pour celle de son ange gardien.[2]

Outre que cette remarque sert à renforcer l'illusion de l'authenticité, elle contribue à l'intelligence de l'histoire. Car, comme le cachet est mentionné dans deux autres lettres du "recueil" (la réponse de Suzanne et celle de Madame Madin), il faut que le lecteur sache de quoi il s'agit. De plus, c'est un moyen de mettre en valeur l'innocence de Suzanne. Dans la lettre suivante, Suzanne ajoute un post-scriptum: "Je garderai le cachet avec soin. C'est un ange que j'y trouve imprimé; c'est vous, c'est mon ange gardien". Sans l'explication de Grimm, l'ingénuité de Susan passerait inaperçue. En ce sens, Grimm ressemble au "rédacteur" des Liaisons dangereuses qui accentue l'irrévocabilité de la déclaration de la Marquise ("Hé bien! la guerre") en notant à la tête de cette réponse qu'elle est "écrite au bas de la même Lettre".[3]

Ensuite, Grimm joue le rôle de l'informateur. Ici, son rôle dépasse de loin la modalité générale de l'informateur. Car, s'il est vrai que l'informateur assume toujours une fonction narrative, ici, la métamorphose de l'éditeur en narrateur entraîne un changement total du statut de la Préface-Annexe comme cadre du roman-mémoires: la part de l'informateur est si grande que ce n'est plus un supplément au roman épistolaire mais c'est un récit qui a son existence indépendamment des lettres qu'il commente.

D'ailleurs, s'il est vrai que ses informations concernent les interlocuteurs de la communication épistolaire, ce n'est pas le monde romanesque, mais le monde réel qu'il nous fait voir dans son récit.

La Préface-Annexe est donc un morceau doublement hybride: de même qu'elle se situe à l'intervalle entre la préface et l'appendice, elle brouille la distinction entre un "recueil" de lettres et un récit "à la troisième personne", par l'intervention excessive de l'informateur. En tant que récit, la préface est un compte-rendu d'un jeu de société à une époque où l'on cultive "la mystification".[4] "La coterie" autour de Diderot écrit des lettres sous les faux noms de Suzanne, la religieuse échappée, et de Mme Madin, sa protectrice du moment, pour faire revenir le Marquis de Croismare. Ici, les lettres perdent pour ainsi dire leur valeur communicative auprès du lecteur pour devenir la preuve même de l'habileté ou la maladresse de "la coterie" à imiter la réalité. En d'autres termes, ce n'est plus ce que les lettres racontent qui intéresse le lecteur mais leur fonction mystificatrice. Car, le récit de Grimm est moins l'histoire de la religieuse fugitive que celle d'une expérience littéraire. Les lettres de Suzanne et de Mme Madin sont des spécimens soumis au test pour lesquels le Marquis de Croismare sert de pierre de touche: si le marquis découvre la "trahison", l'expérience sera un échec; dans le cas contraire, c'est une réussite. Le résultat: un succès total, et cela au moins selon Grimm.[5]

Nous voyons ici que les activités éditoriales de Grimm ont une portée idéologique dans la mesure où elles transforment un texte de femme (l'histoire de Suzanne) en un texte masculin (l'histoire de la mystification du Marquis): Suzanne a perdu ici le statut de narrateur pour servir de prétexte au texte masculin de récit de Grimm. Pourtant, cette irrégularité ne diminue pas pour autant le caractère conventionnel des activités éditoriales de Grimm. Nous le verrons, "la fiction de l'éditeur" est un cadre idéologique dont le rôle principal réside dans l'imposition du moralisme dominant de la société, c'est-à-dire, d'une morale des hommes. D'ailleurs, le récit de Grimm authentifie les lettres tout comme l'éditeur fictif renforce l'illusion de l'authenticité par la prétention qu'il ne fait qu'éditer un document authentique; l'autorité de Grimm en tant que journaliste connu prédisposant le lecteur à accepter la vérité littérale de son récit, le lecteur ne met guère en question le statut documentaire des lettres qu'il présente. D'ailleurs, la franchise apparente avec laquelle Grimm dévoile la supercherie renforce la véracité de son récit. Le rôle de Grimm-éditeur est donc tout à fait conventionnel. Car la fiction de l'éditeur n'est-elle autre chose que l'exploitation de l'autorité de l'éditeur en tant que personne réelle? Il est vrai qu'à la différence de l'éditeur fictif, Grimm est une personne en chair et en os. De plus, Grimm raconte une histoire censée être réelle tandis que l'éditeur fictif invente son histoire. Pourtant, nous le verrons, le récit de Grimm n'est pas aussi transparent qu'il apparaît, ni l'identité de Grimm aussi incontestable.

Dieckmann est le premier à mettre en cause le statut "hors-textuel" de la Préface-Annexe. [6] En examinant le manuscrit du "fonds Vandeul" de la Préface-Annexe, Dieckmann constate que Diderot a corrigé l'article de Grimm pour en faire la préface de son roman. Ces corrections, maintient Dieckmann, indiquent clairement que Diderot avait l'intention d'intégrer la Préface-Annexe dans son roman et que par conséquent, qu'elle n'échappe pas à la fictivité qui gouverne le texte romanesque. Or, Vivienne Mylne va jusqu'à mettre en doute la vérité historique du récit de Grimm en tant qu'article du journal. [7] Selon Mylne, le récit de Grimm comporte plusieurs éléments douteux: la prétention que le but de la mystification du marquis de Croismare est de "l'engager à revenir à Paris"; celle que le marquis s'intéresse à Marguerite Delamare (le modèle de Suzanne) "sans savoir son nom"; certains détails invraisemblables comme la jeunesse trop marquée de Suzanne, la protection qu'a accordé le Cardinal de Fleury à Suzanne, etc..

Emile Lizé, à son tour, attire l'attention sur le cachet brisé du marquis pour suggérer que la vraie victime de la mystification est Diderot, mais non pas le marquis comme le prétend Grimm:

> Le détail concernant le cachet du marquis de Croismare brisé par Madame Madin et habilement remplacé par le sien nous invite à penser qu'il eût été fort difficile à Grimm et ses compères, de forger le cachet du marquis pour convaincre Diderot de l'authenticité du pli. [8]

Il faut donc ne pas prendre le récit de Grimm au pied de la lettre. Car s'il est douteux que nous découvrions jamais la vérité de l'affaire, ces quelques détails invraisemblables suffisent à nous faire soupçonner que la Préface-Annexe n'est pas un compte rendu fidèle de la mystification mais une transposition fictionnelle de cet événement.

Ce qui distingue réellement la modalité de l'éditeur de <u>La Religieuse</u>, c'est plutôt le dédoublement de l'éditeur. Car, à la différence des autres romans à éditeur, dans la Préface-Annexe, nous trouvons deux niveaux de l'édition: au premier niveau, Grimm édite les lettres; au deuxième niveau, Diderot édite l'article de Grimm pour en faire une partie intégrale de son roman. Il est vrai que le dédoublement de l'éditeur ne constitue pas en lui-même une irrégularité. Nous l'avons vu, dans le roman à éditeur, le rôle de l'éditeur est partagé le plus souvent par plusieurs personnages. Pourtant, à la différence des éditeurs fictifs, l'existence de Diderot en tant qu'éditeur n'est qu'hypothétique. En d'autres termes, si "l'éditeur" des <u>Liaisons dangereuses</u> et M. de *** des <u>Lettres de la Marquise</u> par exemple, se montrent dans le texte (dans "l'Avertissement" et comme destinataire de la lettre de Mme de ***, respectivement), le Diderot-éditeur n'a d'existence textuelle que dans le titre de la Préface-Annexe.

Nous savons que ce n'est pas Diderot mais Assézat qui est l'auteur du titre "Préface-Annexe", le titre original étant "Préface du Précédent Ouvrage, tiré de <u>La Correspondance Littéraire</u> de M. Grimm, année 1760". Le titre original est important pour notre discussion dans la mesure où c'est ici que nous remarquons l'existence d'un éditeur invisible: car, sinon, qui est ce personnage qui la "tire" du journal? En l'absence d'autres indications, nous présumons que c'est Diderot, l'auteur du roman, qui est responsable de cette édition au second degré. D'ailleurs, cet éditeur ressemble à l'éditeur fictif qui valorise sa prétention à l'authenticité en indiquant dès le titre que l'ouvrage est "tiré" ou "extrait" d'un document authentique. Par exemple, un auteur anonyme intitule son oeuvre <u>Les Orphelins de Perse; Histoire orientale, Tirée d'un Manuscrit Persan, & Enrichie de Notes curieuses & instructives</u> par M. M***,[9] faisant ainsi du titre un instrument de l'illusion. Il est vrai qu'à la différence de ce "Manuscrit Persan", le récit de Grimm a réellement paru dans <u>La Correspondance Littéraire</u>. Pourtant, le fait qu'il soit publié dans ce journal ne garantit pas en lui-même l'authenticité du document. Car nous savons que la dernière lettre des <u>Lettres de Mistriss Fanni Butlerd</u> est publiée en janvier 1757 dans <u>Le Mercure de France</u> quoiqu'elle soit une lettre fictive.[10]

    L'interférence entre la fiction et la réalité au XVIIIe siècle est essentiellement "[un] phénomène d'interaction réciproque entre le texte littéraire qui se déguise comme non littéraire et le texte non littéraire qui lui sert de référence - interaction qui contribue à la formation du champ intermédiaire".[11] Ce phénomène est un fait si universellement reconnu parmi les critiques,[12] que nous n'avons guère besoin d'insister sur le caractère ambivalent de cette sorte de textes. Ce qui reste à souligner ici, c'est le fait que chez Diderot, cette interférence est double. D'un côté, la prétention de "tirer" sa préface d'un article de journal donne une sorte d'authenticité non seulement à la Préface-Annexe mais aussi au roman dans l'ensemble: de même que la dernière lettre de <u>Fanni Butlerd</u> confère aux autres lettres du roman un air d'authenticité, la Préface-Annexe pour ainsi dire enracine les mémoires de Suzanne dans la réalité.

D'un autre côté, la Préface-Annexe illustre le renversement du processus de l'authentification: en s'insérant dans le roman, le récit de Grimm perd son statut non littéraire pour devenir un texte littéraire. Ici, il faut souligner que les activités éditoriales de Diderot visent à une double appropriation de l'article de Grimm. D'abord, en ajoutant l'article de Grimm à son roman, Diderot fait sien un article de journal dont la paternité littéraire appartient à un autre.[13] Ensuite, et ce qui importe le plus, en intégrant le récit de Grimm dans son roman, Diderot apporte un changement total au mode référentiel du texte: désormais la Préface-Annexe n'est plus "'the true story' behind the 'fiction' of the novel",[14] mais elle fait partie du roman dont le code et le système des signes diffèrent de ceux du texte non-romanesque. La correction qu'a apportée Diderot sur le texte de Grimm complète cette métamorphose: par l'ajout des passages supplémentaires aussi bien que par la suppression de ceux de Grimm, Diderot lie deux textes indépendants en leur donnant une unité organique.

L'étude d'Herbert Dieckmann, mentionnée plus haut, est importante pour notre discussion dans la mesure où elle montre en quoi consiste la correction de Diderot.[15] Selon Dieckmann, le remaniement de la Préface-Annexe s'effectue vers la fin de 1780 et aussi au cours de 1781.[16] Pendant cette période, Diderot non seulement entreprend la correction du style, activité normale du correcteur, mais il apporte aussi un changement significatif à la structure de la Préface-Annexe par des révisions majeures. Parmi ces changements, Dieckmann en relève cinq comme les plus importants.

Le premier changement que Dieckmann note concerne non seulement la Préface-Annexe mais aussi les mémoires de Suzanne. Car il s'agit ici du transfert d'un passage d'un texte à l'autre. Dans l'article de Grimm, dès la première lettre, Suzanne précise au Marquis la nature du travail qu'elle veut:

> Voici l'espèce de service que j'ose attendre de vous, et qu'il vous est plus facile de me rendre en province qu'à Paris. Ce serait de me trouver, ou par vous-même, ou par vos connaissances, à Caen, ou ailleurs, une place de femme de chambre ou de femme de charge, ou même de simple domestique. [...][17]

Or, Diderot fait de ce long passage le morceau qui termine la lettre-mémoires de Suzanne. Cette correction est nécessitée par le double besoin de rendre les mémoires de Suzanne plus vraisemblables ainsi que par celui d'harmoniser les deux parties du roman. D'abord, pour la vraisemblance, cet ajout confère aux mémoires fictifs un air de vérité: comme c'est pour implorer l'intervention du Marquis que Suzanne entreprend ses mémoires, il est essentiel qu'elle présente sa demande de façon précise. Or, quel passage aurait l'air plus authentique que celui d'une lettre envoyée réellement, et qui d'ailleurs a réussi à tromper son destinataire? Quant à l'harmonie, nous n'avons guère besoin de remarquer que la suppression de ce passage est essentielle pour éviter la redondance.

Nous l'avons vu, selon Dieckmann, le but principal de Diderot dans la correction de la Préface-Annexe est "de faire de l'article, [...] une partie intégrante du roman".[18] Cette intention est la plus visible dans l'ajout d'un passage d'excuse vers la fin de la Préface-Annexe. Ce passage concerne les contradictions entre le récit de Grimm et les mémoires. Selon Diderot (qui parle sous le masque de Grimm), "c'est que la plupart des lettres sont postérieures au roman". "It is, however", remarque Dieckmann, "difficult to accept the latter statement [le passage cité plus haut] at its face value". Selon Dieckmann, il faut le considérer soit comme une simple erreur de la part de l'auteur "[whose] memory was not quite exact" soit comme un moyen "to trick the reader".[19] Quoique Dieckmann n'explique pas en quoi consiste ce "trick", il est facile de voir qu'il s'agit ici de confondre la fiction et la réalité: car la chronologie que Diderot met en avant ici est essentiellement celle d'un ordre fictif. En d'autres termes, Diderot brouille délibérément la réalité et la fiction en expliquant le travail réel de l'auteur en fonction du cadre fictif dans lequel Suzanne écrit ses mémoires.

Dans l'ordre des événements fictifs, la prétention que les mémoires précèdent les lettres est parfaitement logique. Car selon la lettre de Mme Madin, Suzanne a commencé à écrire ses mémoires très tôt. Dans la lettre du 13 avril, Mme Madin fait mention de la longue lettre de Suzanne qui deviendra plus tard ses mémoires:

> elle [Suzanne] me dit qu'elle vous avait commencé une longue lettre qui contiendrait tout ce qu'elle ne pourrait guère se dispenser de vous dire, [...] Je la priai de me montrer ce qu'elle avait écrit; j'en fus effrayée, c'est un volume, c'est un gros volume.[20]

Comme il faut un temps considérable pour écrire "un gros volume", nous devons supposer que Suzanne en a commencé la rédaction dès le début de sa correspondance avec le Marquis. D'ailleurs, à cette date, les mémoires doivent être presque terminés, vu que Suzanne n'aurait pu écrire davantage à cause de sa santé qui empire de jour en jour.

Chez Diderot, le rapport entre l'imagination et la réalité est si complexe qu'il est quasi impossible de la mettre au clair. L'ordre de la rédaction est aussi un exemple de ce jeu: en accordant la chronologie réelle de la rédaction à celle de la fiction, Diderot crée un autre niveau de fiction où il devient en quelque sorte un personnage du roman: ici, Diderot s'incarne un auteur trop sensible qui, au lieu de composer son roman d'un point de vue distant, se met dans la même situation d'énonciation que les personnages fictifs qui écrivent leur histoire "while the hearts of the writers [are] wholly engaged in their subject".[21] Il est vrai que la fameuse formule de Richardson du "writing to the moment", ne regarde plus ici des personnages fictifs. Pourtant, Diderot s'assimile en quelque sorte aux personnages fictifs dans la mesure où, tout comme les épistoliers fictifs, il prétend écrire les mémoires de Suzanne sur le vif de l'événement (c'est-à dire, de la mystification du Marquis).

Le message que Diderot envoie au lecteur par cette correction est donc clair: bien que fiction, les mémoires de Suzanne n'en sont pas moins vrais parce que l'auteur écrit dans la même situation que celle où aurait écrit l'héroïne. Désormais, la main qui a tracé les malheurs de Suzanne ne compte plus. Car en se mettant dans une situation d'énonciation identique à celle de son héroïne, Diderot ne devient-il pas en quelque sorte cette malheureuse religieuse?

Ici, l'anecdote de D'Alainville est révélatrice. Selon Dieckmann, cette anecdote est insérée ultérieurement par Diderot. Mais dans quel but? Pour Dieckmann, ce passage manifeste un narcissisme profond de Diderot ainsi que sa fierté du pouvoir émotionnel de son roman: il l'ajoute, maintient Dieckmann, pour montrer à la postérité "how 'sensible' he was and how moving was the story of the young nun".[22] Mais ce passage met aussi en valeur l'identification entre l'auteur et son héroïne. Il est vrai que nous ne pouvons pas savoir si cette identification est réelle ou feinte. Pourtant, le fait que Diderot attire l'attention sur ce point révèle clairement le mode spécifique de lecture que Diderot envisage pour son roman: l'histoire de Suzanne doit être lue comme si elle était écrite par Suzanne elle-même, quoique, bien entendu, elle soit écrite par un autre. Car l'émotion n'est-elle pas la même, chez Suzanne et chez Diderot? [23]

De ce point de vue, la Préface-Annexe n'est pas seulement un dévoilement total du mécanisme caché de la création romanesque. Elle est aussi une remise en question de l'illusion romanesque. D'un côté, nous l'avons vu, par ses corrections, Diderot met en valeur la vérité fondamentale des mémoires de Suzanne: l'identification de Diderot avec son héroïne confère une sorte d'authenticité à la fiction. D'un autre côté, les deux corrections majeures qu'il nous reste à examiner ont comme rôle de mettre en cause la vérité d'un écrit censé être authentique, à savoir, le récit de Grimm. La première correction concerne l'aspect formel de l'ouvrage que Diderot a écrit. Ici, Diderot crée une contradiction flagrante par l'ajout d'un passage déconcertant:

> Mais ce roman n'a jamais existé que par lambeaux, et en est resté là: il est perdu,[...] Et j'ajouterai, moi qui connais un peu M. Diderot, que ce roman il l'a achevé et que ce sont les mémoires qu'on vient de lire [...][24]

Selon Dieckmann, cette correction manifeste "his [Diderot] gift of self-irony and his delight in bewildering and fooling the reader, a delight which we completely fail to understand if we give to his taunting of the reader a modern symbolic interpretation".[25] Pourtant, ce jeu ne semble pas si gratuit. Car d'un autre côté, cette contradiction est un moyen de mettre en question la fidélité du récit de Grimm. Vivienne Mylne met en valeur ce pouvoir réflexif de la contradiction intérieure quand elle dit:

> some statement which from our previous knowledge we judge to be untrue [...] would bring most readers to a halt, and effectively stop their passive acceptance of the narrative as factual. It might indeed set up a disposition of doubt or uncertainty about other statements in the book which the reader had not previously met as facts.[26]

Bref, le lecteur alarmé par cette inconsistance commence à se demander si ce récit n'est pas autant une fiction que les mémoires de Suzanne.

Diderot semble favoriser cette attitude méfiante du lecteur quand il se montre lui-même suspect de la bonne foi du Marquis. Selon Dieckmann, c'est encore Diderot qui ajoute le passage où il est question d'une autre mystification.[27]. A la fin de son introduction, Grimm déclare:

> Vous voudrez bien vous souvenir que les lettres, signées Madin, ou Suzanne Simonin, ont été fabriquées par cet enfant de Bélial, et que les lettres du généreux protecteur de la recluse sont véritables et ont été écrite de bonne foi, [...].[28]

En d'autres termes, si les lettres de Suzanne et de Mme Madin sont fictives, celles du Marquis sont authentiques. Car, selon Grimm, le Marquis les a écrites dans un but réel de communication, sans jamais soupçonner que ses destinataires soient des personnages fictifs. De plus, l'authenticité des lettres du Marquis revêtit celles de ses destinataires d'un trait authentique en ce sens qu'en s'insérant dans un contexte communicatif, celles-là s'investissent d'une matérialité réelle: car en y répondant, le marquis les traite comme des lettres réelles.

Diderot met en cause non seulement le statut authentique des lettres du Marquis mais aussi celui de l'article de Grimm quand il ajoute:

> [...de bonne foi] ce qu'on eut toutes les peines du monde à persuader à M. Diderot, qui se croyait persiflé par le marquis et par ses amis.[29]

Pourquoi ce changement, sinon pour accentuer la possibilité de mensonge dans un texte authentique, car ce changement semble gratuit au point de vue de l'accord des deux parties du roman?

De cette façon, Diderot met en cause l'équation authenticité=vérité: il invite le lecteur à ne pas se fier entièrement à l'article "authentique" de Grimm. Car comme Diderot le suggère, le dévoilement d'un secret nous fait soupçonner l'existence d'un autre secret et nous fait poser de nouvelles questions: la Préface-Annexe est-elle un compte-rendu fidèle des événements?; le lecteur, tout comme Diderot, n'est-il pas la victime d'une autre mystification? Ce soupçon est encore une fois renforcé par le fait que dans le récit de Grimm il y a des éléments douteux dont le plus important est la prétention que la "coterie" écrit pour rappeler le marquis à Paris. Nous l'avons vu, cette affirmation est suspecte parce que dans la correspondance, Suzanne, c'est-à-dire Diderot et ses amis, ne demande que de s'éloigner de Paris, au lieu d'inventer une situation qui demande la présence du Marquis à cet endroit. [30]

Les activités éditoriales de Diderot visent donc à un double but. D'abord, elles contribuent à fournir une fin aux mémoires de Suzanne. Car en rattachant deux morceaux indépendants (un roman-mémoires et un article de journal), Diderot fait de la Préface-Annexe une continuation du roman:[31] les quelques mois de la vie de Suzanne ainsi que sa mort sont présentés ici à travers les échanges épistolaires. De cette façon, Diderot résout en quelque sorte le problème constant de la narration "à la première personne", à savoir le problème de la mort du héros. De plus, en introduisant les voix étrangères, Diderot ajoute de la crédibilité à la narration de Suzanne: Mme Madin confirme l'amabilité que Suzanne laisse voir au cours de sa narration.[32]

D'un autre côté, l'intervention éditoriale de Diderot dans la Préface-Annexe transforme l'article de Grimm en un prétexte pour la réflexion sur l'esthétique du roman. Nous l'avons vu, en introduisant une contradiction apparente dans la Préface-Annexe et aussi en mettant en valeur la force génératrice de l'illusion de la fiction, Diderot rend désuet le concept de l'authenticité comme le garant de la vérité. En ce sens, la "Question aux Gens de Lettres" que Diderot ajoute à la fin de la Préface-Annexe met en abîme la nature même de la fonction éditoriale de Diderot. Car, en fin de compte, toutes ses corrections ne sont que des manières différentes de poser une question unique mais fondamentale pour l'esthétique du roman: lequel est plus vrai, un écrit authentique ou un ouvrage de l'imagination?

3. LA VERITE DE L'HOMME NATUREL: <u>LA NOUVELLE HÉLOÏSE</u>

    Comme on le sait, <u>La Nouvelle Héloïse</u> a deux préfaces, l'une au début, et l'autre à la fin de l'oeuvre. La préface que nous trouvons en tête (que nous appellerons désormais la première préface) n'est, selon Rousseau, qu'un extrait de la Préface de Julie (que nous appellerons la préface dialoguée) qu'il ajoute dans l'appendice. Cependant, comme tout lecteur entame la lecture par le début, la première préface est plus importante dans la création de l'illusion que la préface dialoguée qui n'influe sur la lecture que rétroactivement, quoiqu'elle soit plus importante pour la théorie du roman de Rousseau. Il faut donc d'abord examiner la fiction de l'éditeur présentée dans la première préface.

    Nous l'avons vu, l'explication de la source -l'explication qui a comme rôle de montrer comment l'éditeur a obtenu le manuscrit qu'il publie - est l'élément le plus important de la fiction de l'éditeur. Or, dans la première préface, Rousseau ne donne aucune indication sur la source quoiqu'il assume le rôle de l'éditeur. Ce manque est dû à la position équivoque de Rousseau concernant l'authenticité des lettres qu'il publie. D'une part, elles semblent authentiques, non seulement parce que Rousseau prétend qu'il "ne porte [...] que le titre d'éditeur" et mais aussi parce que l'oeuvre est intitulée des "<u>Lettres de Deux</u>

<u>Amants Habitants d'une Petite Ville au Pied des Alpes</u>, Recueillies et Publiées par Jean-Jacques Rousseau". D'autre part, ce recueil est présenté comme une fiction en ce sens que Rousseau dit avoir "travaillé [lui-même] à ce livre". Comme cette équivoque a une importance primordiale dans l'esthétique rousseauiste, il est nécessaire d'examiner d'abord comment Rousseau y aborde la question de l'authenticité.

Au début de la première préface, Rousseau commence par insinuer que son ouvrage est un roman:

> Il faut des spectacles dans les grandes villes, et des romans aux peuples corrompus. J'ai vu les moeurs de mon temps et j'ai publié ces lettres. Que n'ai-je vécu dans un siècle où je dusse les jeter au feu.[1]

De plus, il renforce cette impression initiale quand il se demande: "Ai-je fait le tout, et la correspondance entière est-elle une fiction?"

De ce point de vue, la préface de Rousseau semble le dévoilement total du mécanisme de la fiction de l'éditeur. Car il met en valeur la possibilité que la personne qui "ne porte [...] que le titre d'éditeur" soit, en réalité, le véritable auteur de l'oeuvre. Ce dévoilement n'est pas cependant, quelque chose de très choquant parce que, comme nous l'avons vu dans le chapitre de l'introduction, le lecteur de cette époque ne semble plus se faire beaucoup d'illusion quant à l'authenticité de l'oeuvre. Pour lui, "c'est sûrement une fiction", quelque sophistiqué que soit l'argument de l'éditeur.

En effet, la première préface montre que le point de départ de Rousseau dans la création de sa "théorie du roman" est la réalisation non seulement de la convention romanesque mais aussi de la perception qu'a le lecteur de cette convention. Aussi est-il naturel que Rousseau donne au lecteur une place importante dans l'interprétation de l'oeuvre. A la différence de l'éditeur conventionnel, il laisse au lecteur le plein pouvoir de décision en s'abstenant de se prononcer sur l'authenticité de l'oeuvre. Tout ce qu'il fait, c'est de donner des informations grâce auxquelles on peut juger:

> Quand à la vérité des faits, je déclare qu'ayant été plusieurs fois dans le pays des deux amants, je n'y ai jamais ouï parler des deux amants, je n'y ai jamais ouï parler du baron d'Etange, ni de sa fille, ni de M. d'Orbe, ni de milord Edouard Bomston, ni de M. de Wolmar. J'avertis encore que la topographie est grossièrement altérée en plusieurs endroits, soit pour mieux donner le change au lecteur, soit qu'en effet l'auteur n'en sût pas davantage. Voilà tout ce que je puis dire. Que chacun pense comme il lui plaira.[2]

L'authenticité est une conception introduite, comme nous l'avons vu dans la première partie, pour garantir la vérité de l'histoire: l'auteur justifie la description des événements souvent extraordinaires par la prétention qu'ils ont vraiment eu lieu. Chez Rousseau, le processus est inversé: c'est selon "la vérité des faits" qu'il faut déterminer l'authenticité. Il est vrai que Rousseau n'est pas le premier à fournir des renseignements supplémentaires concernant "la vérité des faits". Ce qui est unique chez Rousseau cependant, c'est qu'il refuse de se prononcer sur le statut de l'oeuvre tandis que les autres éditeurs jusque là ont une position nette concernant l'authenticité du manuscrit qu'ils éditent. Pour la plupart du temps, l'éditeur utilise des renseignements supplémentaires pour renforcer l'authenticité de l'oeuvre, tel l'éditeur des <u>Mémoires d'une religieuse</u>:

> Et moi, je réponds qu'elle existe cette Adelaide, je l'ai connue, je l'admire, et c'est pour la vie, que je suis pénétré de la sublimité de son être.[3]

Par contre, chez Rousseau, le poids de jugement semble tomber entièrement sur le lecteur. Pourtant, le problème ici est que la convention littéraire intervient dans le jugement, de sorte que le jugement dépend de la compétence littéraire du lecteur. En effet, ici, le jeu avec la convention existe à plusieurs niveaux: selon la compétence littéraire du lecteur le passage de Rousseau peut être interprété soit comme l'aveu de la fiction, soit comme la prétention à l'authenticité. Or, nous pouvons établir au moins cinq niveaux de jeu avec la convention. D'abord, au premier niveau, c'est-à-dire au niveau de la lecture la plus naïve, l'inexistence des personnages et les fautes topographiques sont les preuves de la fiction: si les personnages n'existent pas dans la réalité, c'est parce qu'ils sont imaginaires. Au deuxième niveau, la prétention que les personnages n'existent pas au pays du drame sert au contraire de preuve de l'authenticité parce que le lecteur peut penser que ces altérations sont faites pour protéger les personnes réelles. Car si l'histoire est une fiction, pourquoi altérer la topographie, puisqu'on n'y trouvera aucune trace des personnages?

L'anonymat des personnages est une convention très répandue au XVIIIe siècle. Non seulement on change les noms des personnages et le lieu de l'action mais aussi on remplace les noms par des astérisques pour ne laisser que les titres de noblesse. Selon les romanciers du XVIIIe siècle, le changement est nécessaire pour protéger les personnes concernées. Par exemple, un auteur anonyme prétend qu'il change les noms qui apparaîssent dans les lettres originales parce que,

> [s]auver la réputation de celui qui pour son malheur s'en [des actions basses et inhumaines] rend coupable, détourner adroitement, en déguisant le nom, l'application qu'on en pourroit faire, voilà tout ce que la plus exacte probité peut & doit exiger.[4]

Pourtant, ce n'est pas seulement le nom des personnages vicieux qu'on cache. Dans La Vie de Marianne par exemple, l'éditeur semble exercer un ménagement extrême en changeant non seulement le nom des personnages principaux mais aussi celui des personnages insignifiants:

> Nous avons changé le nom de deux personnes dont il est parlé et qui sont mortes. Ce qui y est dit d'elles est pourtant très indifférent; mais n'importe: il est toujours mieux de supprimer leurs noms.[5]

Quelquefois, comme dans Adolphe, l'éditeur soutient que le manuscrit ne donnait que les initiales:

> Je n'ai pas changé un mot à l'original; la suppression même des noms propres ne vient pas de moi: ils n'étaient désignés que comme ils sont encore, par des lettres initiales.[6]

Le découvreur de La Vie de Marianne a aussi recours à ce procédé:

> C'est La Vie de Marianne; c'est ainsi qu'elle se nomme elle-même au commencement de son histoire; elle prend ensuite le titre de comtesse; elle parle à une de ses amies dont le nom est en blanc, et puis c'est tout.[7]

Selon cette logique, l'anonymat est le signe même de l'authenticité. C'est d'ailleurs à ce mécanisme de la manipulation que Shelly Yahalom fait mention quand elle remarque que "la nécessité de garder l'anonymat du personnage [...] sert de [...] signalisation indiquant que le texte à venir est authentique".[8]

Il en va de même pour les fautes de faits historiques aussi bien que topographiques. Car comme dans le cas de l'anonymat, le romancier du XVIIIe siècle prétend introduire les fautes pour mieux mettre son oeuvre à l'abri de l'application à des individus particuliers. Aussi Challes déclare-t-il dans ses Illustres Françoises: "J'ai fait exprès des fautes d'anachronisme".[9] Selon Philip Stewart, c'est un moyen de manipuler le lecteur: car "[t]o insist on elements 'intentionally' inserted to confuse the issue is to insist that there is a true story there that needs to be disguised".[10]

Les fautes de la topographie que Rousseau met en avant peuvent donc servir de preuve de l'authenticité: car on peut penser que Rousseau les a introduites pour brouiller la trace. D'ailleurs, Rousseau lui-même semble inviter le lecteur à ce mode d'interprétation quand il laisse voir la possibilité que les erreurs sont commises "pour mieux donner le change au lecteur". La déclaration de Rousseau concernant "la vérité des faits" est donc une autre façon de mettre en valeur l'authenticité de son oeuvre. Car les informations qui semblent militer contre l'authenticité peuvent au contraire être utilisées à son profit selon la compétence littéraire du lecteur.

Pourtant, il est possible que le lecteur s'aperçoive ici de la ruse du romancier: sous prétexte de protéger les personnes concernées, les auteurs cachent leur intention de donner un air de vérité à leur ouvrage qui est, bien entendu, un produit de l'imagination. Nous pouvons donc parler du troisième niveau du jeu. A ce niveau, nous pouvons considérer les inconsistances de l'oeuvre avec la réalité comme le signe de la fiction. Car à l'époque de Rousseau, la convention de l'anonymat est tant usée que personne excepté le lecteur le plus naïf n'y croit au pied de la lettre: pour un peu, elle risquerait d'être équivalante à la fiction.

Rousseau semble en être conscient, car non satisfait de son explication selon laquelle l'altération de la topographie est faite pour dépayser le lecteur, Rousseau s'engage dans une autre explication: il laisse voir la possibilité que c'est un autre qui est l'auteur de l'oeuvre ("soit qu'en effet l'auteur n'en sût pas d'avantage"). Or cet "auteur" ne peut être Rousseau. Car, à entendre Rousseau, il ne peut pas commettre ces erreurs: il connaît si bien le pays qu'il peut les faire remarquer au lecteur dès la préface.

Nous pouvons établir donc un quatrième niveau qui est le niveau où le statut de l'éditeur est affirmé tandis que le statut de l'oeuvre comme un document authentique est mise en cause. La prétendue édition d'un ouvrage inventé par un autre auteur est une pratique qui remonte aussi loin qu'à <u>Don Quichotte</u>. Dans le chapitre 8 de l'oeuvre de Cervantes, nous voyons que le second auteur n'est qu'un éditeur qui introduit l'ouvrage écrit par Sid Hamete Benengeli, l'auteur arabe. Au XVIIIe siècle, cette pratique est très répandue. Comme nous l'avons vu dans le chapitre d'introduction, dans un roman à éditeur comme <u>Les Intrigues historiques...</u> l'éditeur prétend qu'il s'agit d'une oeuvre faite par un autre.[11] Pour lui, l'authenticité du manuscrit ne compte pas. Ce qui compte, c'est la fiction de l'éditeur. Car de cette façon, s'il ne garantit pas l'authenticité, au moins il crée une distance entre lui et l'oeuvre.

Ce quatrième niveau n'est donc que celui de "l'éditeur sceptique". Nous l'avons vu, "l'éditeur sceptique" est un moyen de sauver la fiction de l'éditeur aux dépens de l'authenticité de l'oeuvre. Pourtant, "l'éditeur sceptique' lui-même étant devenu une convention, nous pouvons supposer un cinquième niveau où le lecteur aperçoit l'artifice de l'auteur qui se pose comme un "éditeur sceptique". Car quelle que soit la prétention de "l'éditeur sceptique", le lecteur sait par expérience que c'est toujours le prétendu éditeur qui s'est révélé à la fin l'auteur de l'oeuvre.

Pourtant Rousseau diffère de "l'éditeur sceptique" dans la mesure où il avoue qu'il a travaillé lui-même à son oeuvre, et ainsi laisse entrevoir la possibilité qu'il en est lui-même l'auteur, tandis qu'en général, "l'éditeur sceptique" n'a, prétend-il, aucune part dans la création de l'oeuvre. D'ailleurs, les cinq interprétations possibles que nous avons développées s'annulent l'une l'autre par leur multiplicité même: trop de possibilités d'interprétation rendent impossible aucune interprétation définitive. Son invitation "que chacun pense comme il lui plaira" est donc moins l'approbation de toutes les interprétations que la désaprobation de l'interprétation faite d'après la convention littéraire. Cette négation de la lecture conventionnelle est mise en relief quand Rousseau proclame ensuite que "ce livre n'est point fait pour circuler dans le monde, et convient à très peu de lecteurs".

Ici, la question se déplace définitivement du statut de l'oeuvre au rôle du lecteur: il faut un certain lecteur pour apprécier son oeuvre correctement. Un critique comme Darnton croit voir dans cette restriction l'image qu'a Rousseau de son oeuvre:

> The ideal reader must be able to divest himself of the conventions of literature as well as the préjudices of society. Only then can he enter into the story in the manner prescribed by Rousseau.[12]

Sous ce jour, le passage concernant la "vérité des faits" revêt une nouvelle signification: outre qu'il sert de défense contre la critique potentielle, il confond le lecteur et par conséquent le frustre dans sa recherche de la vérité concernant le statut de l'oeuvre: la compétence littéraire du lecteur s'est révélée sans valeur devant une multiplicité d'interprétations possibles. De plus, cette compétence est même devenue un obstacle dans un vain effort d'arriver à une décision. Ainsi frustré, le lecteur doit désormais renoncer à l'analyse critique et écouter Rousseau sans aucune prédisposition.

Darnton souligne le rapport absolutiste entre Rousseau et son lecteur quand il dit que la lecture rousseauiste demande une foi dans l'auteur.[13] De ce côté aussi, le passage de Rousseau concernant "la vérité des faits" a une signification positive dans la mesure où en dévoilant d'avance les fautes, Rousseau crée une atmosphère de vérité. En effet, le caractère primordial de la fiction de l'éditeur chez Rousseau est l'illusion de la transparence. Dans sa préface, Rousseau tâche de donner au lecteur l'impression d'une franchise totale: il avoue qu'il a "travaillé [lui-même] à ce livre.", quoique, bien entendu, il ne révèle pas l'élément crucial, à savoir, l'étendue de son engagement dans la création de l'oeuvre; de plus, il prétend lui-même assumer toute responsabilité de l'oeuvre. Rousseau semble pousser cette franchise jusqu'à l'extrême quand il avoue lui-même des inconformités de l'oeuvre avec la réalité.

En effet, l'antipathie que sent Rousseau contre l'idée de l'opacité, et sa foi dans la transparence de la communication humaine sont si bien connues que Darnton explique la position équivoque de Rousseau à la lumière de cette qualité personnelle. Selon lui, c'est la personnalité ou la moralité de Rousseau qui l'empêche d'adhérer à la convention de l'éditeur:

> He could not deny his authorship of the letters without
> offending truth, and he could not acknowledge the care-
> ful craftsmanship that went into them without spoiling
> their effect.[14]

En d'autres termes, Rousseau garde une position équivoque pour ne pas se mettre dans une situation fausse dans la communication littéraire. Or, comme le remarque Jean Starobinski, Rousseau est "obsédé par l'idée de l'impossibilité de la communication humaine",[15] causée par l'opacité qu'on a vis-à-vis de soi-même aussi bien qu'envers les autres. Selon Starobinski, pour Rousseau, la situation de l'homme dans la société est essentiellement une situation de disgrâce et de chute en ce sens qu'il a perdu sa transparence originale pour demeurer dans l'opacité. Contre cette déchéance, Rousseau demande un retour à la transparence. [16] Chez Rousseau, la vérité équivaut à la transparence tandis que l'opacité est par définition le mensonge: car se cacher des autres signifie qu'on "n'ose plus paraître ce qu'on est".[17] Affirmer que le livre est un recueil authentique serait, pour Rousseau, une trahison de sa propre vérité. En ce sens, l'ambiguïté est, comme d'ailleurs suggère Darnton, un tour de force de Rousseau confronté au paradoxe inhérent du roman épistolaire: en maintenant une attitude ambiguë, s'il ne dit pas la vérité totale, au moins il ne ment pas.

Il faut noter pourtant que si la prétendue "honnêteté" de Rousseau est le reflet de sa propre vérité, elle sert aussi à rendre Rousseau plus crédible auprès du lecteur. Nous avons déjà remarqué que "l'éditeur sceptique" est en partie un tour de force

des auteurs du XVIIIe siècle dans leur effort de paraître vrai:
en prévenant d'avance le lecteur de la fictivité de l'oeuvre,
l'éditeur veut paraître plus crédible aux yeux du lecteur. Chez
Rousseau, cet effet est renforcé par son engagement émotionnel:
si "l'éditeur sceptique" se distancie de l'oeuvre en doutant la
vérité qu'elle contient, Rousseau ne cache pas le fait que
l'oeuvre lui plaît. De plus, il se fait le défenseur de la
valeur morale de l'oeuvre quand il met en garde le lecteur mécontent:

> Que si, après l'avoir lu tout entier, quelqu'un m'osait blâmer de l'avoir publié, qu'il le dise, s'il veut, à toute la terre; mais qu'il ne vienne pas me le dire; je sens que je ne pourrais de ma vie estimer cet homme-là.[18]

En ce sens, la vérité personnelle de Rousseau est aussi une
technique d'illusion. Car comme dans ses <u>Confessions</u>, la prétention de "tout dire" est aussi un moyen de créer chez le lecteur une prédisposition propice à l'acceptation de ses paroles au
pied de la lettre. Cette technique est d'ailleurs bien connue
dans la pratique du "roman à la première personne": beaucoup de
personnages-narrateurs, Des Grieux, Suzanne, par exemple, utilisent ce procédé. Chez eux, leur sincérité totale dans la narration est mise en valeur de diverses manières. Pourtant, il
n'empêche qu'ils cachent la vérité et quelquefois la falsifient.
Il en va de même pour l'éditeur de <u>La Nouvelle Héloïse</u>: malgré
toute apparence de la vérité, Rousseau n'est pas aussi transparent qu'il le prétend. Nous l'avons vu, en se montrant équivoque

sur la nature du travail qu'il a fait à l'égard de l'oeuvre, il refuse de donner le renseignement crucial, ainsi invalidant son affirmation. D'ailleurs, sa déclaration qu'il n'est qu'un éditeur est presque un mensonge. Car en fin de compte, Rousseau est l'auteur de l'oeuvre, et non pas son éditeur. Nous pouvons donc dire que le refus de la convention littéraire, d'une convention qui constitue l'obstacle dans la communication humaine, est un moyen d'autant plus efficace du trompe-l'oeil que par ce refus, Rousseau revendique un statut de la nature pour son oeuvre.

Cette "technique de la transparence" est encore une fois mise en oeuvre dans la préface dialoguée. A la fin de ce dialogue, nous voyons Rousseau qui réclame une vérité totale dans la transcription de l'entretien.

> N. Tout le monde aura la même curiosité que moi. Si vous publiez cet ouvrage, dites donc au public ce que vous m'avez dit. Faites plus; écrivez cette conversation pour toute préface. Les éclaircissements nécessaires y sont tous.
>
> R. Vous avez raison; elle vaut mieux que ce que j'aurais dit de mon chef. Au reste, ces sortes d'apologies ne réussissent guère.
>
> N. Non, quand on voit que l'auteur s'y ménage; mais j'ai pris soin qu'on ne trouvât pas ce défaut dans celle-ci. Seulement, je vous conseille d'en transposer les rôles. Feignez que c'est moi qui vous presse de publier ce recueil, que vous vous en défendez; donnez-vous les objections, et à moi les réponses. Cela sera plus modeste, et fera un meilleur effet.
>
> R. Cela sera-t-il aussi dans le caractère dont vous m'avez loué ci-devant?
>
> N. Non, je vous tendais un piège. Laissez les choses comme elles sont.[19]

En refutant le conseil de N qui fait référence à la pratique courante de la fiction de l'éditeur, Rousseau refuse de se ranger avec l'éditeur conventionnel qui fabrique une situation fictive où il persuade l'auteur de publier son manuscrit tandis que ce dernier montre du scrupule devant la demande de l'éditeur. Ce faisant, cependant, Rousseau produit un "effet de transparence" dont nous avons parlé plus haut. A dessein, il ajoute un passage à la fin de son entretien qui met en valeur son caractère exigeant d'homme à vérité: il invite le lecteur à imiter la réaction du personnage N quand il lui fait reconnaître cette qualité intransigeante du personnage R.

Pourtant, ici, le but de Rousseau ne semble pas consister à faire accepter la préface dialoguée comme une transcription authentique d'un entretien entre lui et un lecteur réel. Car, dès le début, Rousseau avoue la fictivité de cet entretien en disant que c'est un "dialogue ou entretien <u>supposé</u>".[20] Si Rousseau met en relief son image d'homme à vérité à qui l'exigence de la vérité ne permet le moindre compromis, c'est donc moins pour la création d'une illusion littérale que pour cristalliser auprès du lecteur l'image d'un Rousseau défenseur de la vérité, c'est-à-dire, une image de soi que Rousseau veut montrer à travers toutes ses oeuvres.[21]

Or, dans <u>La Nouvelle Héloïse</u>, Rousseau tombe sur une situation paradoxale. Car écrire un roman que l'on critique comme un mensonge ne correspond pas à l'image d'homme à vérité que Rousseau se fait. De plus, Rousseau étant lui-même un critique fervent du genre romanesque, il se trouve en flagrant délit de contradiction en écrivant un roman. Rousseau lui-même en est conscient comme il l'avoue plus tard dans Les Confessions:

> Mon grand embarras était la honte de me démentir ainsi moi-même si nettement et si hautement. Après les principes sévères que je venais d'établir avec tant de fracas, après les maximes austères que j'avais si fortement prêchées, après tant d'invectives mordantes contre les livres efféminés qui respiraient l'amour et la molesse, pouvait-on rien imaginer de plus inattendu, de plus choquant, que de me voir tout d'un coup m'inscrire de ma propre main parmi les auteurs de ce livres que j'avais si durement censurés? Je sentais cette inconséquence dans toute sa force, je me la reprochais, j'en rougissais, je m'em dépitais:[...][22]

Pourtant, si Rousseau fait ici hautement son mea-culpa, Les Confessions aussi laissent voir que pour Rousseau, son roman est plus réel que la réalité: les gens du "pays de chimères" sont même plus vrais que les êtres réels en ce sens qu'il sont des "êtres selon [son] coeur".[23] C'est cette vérité fondamentale de son roman que Rousseau veut démontrer dans la préface dialoguée. Pourtant, avant de commencer la discussion sur la nature de vérité qu'il met en avant, il faut examiner l'aspect formel de la préface dialoguée. Car la manière dont Rousseau démontre la vérité de son roman est étroitement liée à la forme qu'il choisit pour la communiquer.

Ici, il faut d'abord remarquer que la préface dialoguée est la deuxième préface de l'oeuvre, quoique, bien entendu, elle ait été conçue avant la première préface. La double préface n'est pas quelque chose d'extraordinaire par rapport à la convention préfatoire du XVIIIe siècle. Les statistiques de June Moreland

Legge montre qu'environ 20 pour cent des romans publiés entre 1760-1767 ont recours à la double préface.[24] Selon Legge, la double préface donne une plus grande liberté dans la création de l'illusion:

> With ingenuity, he [the author] can create and sustain many illusions concerning the novel; for example, one segment may give one opinion on the fictious content of the novel, while another segment gives and supports an entirely different point of view.[25]

Dans cette sorte de double préface, le rapport des deux préfaces est oppositionnnel: l'un contredit ce que l'autre affirme, comme l'exemple des Liaisons dangereuses l'illustre. D'où l'effet tout particulier dont nous avons parlé plus haut concernant "l'éditeur sceptique". Plus souvent, les deux préfaces (qui constituent la double préface) se trouvent dans un rapport complémentaire. Dans La Vie de Marianne par exemple, "l'Avertissement" est censé être écrit par Marivaux-éditeur, tandis que dans la première partie, l'ami de ce dernier, le découvreur du manuscrit, explique la circonstance de l'acquisition du manuscrit. De cette façon, la fiction de l'éditeur est renforcée: car en faisant parler cet ami par sa propre voix, la fiction de la découverte devient plus réelle et plus authentique. Les auteurs comme Restif de la Bretonne, et plus tard, Sainte-Beuve, utilisent essentiellement la même technique quand ils ajoutent à la préface de l'éditeur celle du personnage, à savoir, celui de Pierre R*** dans La Paysanne pervertie, et celui du héros du roman dans Volupté: contrastée du ton formel de l'éditeur, la familiarité des personnages donne plus de réalité à leur existence.

Aucun de ces effets ne se trouvent dans le rapport des deux préfaces de La Nouvelle Héloïse. Cette irrégularité est naturelle vu leur genèse: ce n'est pas dans l'intention de Rousseau de créer un effet particulier par la double préface parce que la première préface n'est qu'un extrait de la préface dialoguée. Pourtant, si elles expriment essentiellement les mêmes idées, leur fonction dans l'oeuvre est bien distincte: à la différence de la première préface, la préface dialoguée, à cause de la place qu'elle occupe dans l'oeuvre, sert moins de cadre, c'est-à-dire, de place où se dévelope la fiction de l'éditeur, qu'un "Entretien sur les Romans", comme l'intitule Rousseau lui-même.

Pourtant, on ne peut pas douter du statut préfatoire de la préface dialoguée dans la mesure où Rousseau affirme par le moyen de "l'Avertissement", qu'elle est conçue à l'origine comme préface, quoiqu'il y substitue une autre plus conventionnelle à cause de "la longueur" et "la forme" extraordinaire de la première en date. Nous avons déjà remarqué l'irrégularité de la Préface-Annexe de La Religieuse en ce qui concerne sa place dans l'oeuvre. Selon Jean Parrish, cette irrégularité est quelque chose de voulu: car d'après la chronologie interne que Diderot voulut imposer aux deux parties de son oeuvre (la Préface-Annexe et les mémoires de Suzanne), la Préface-Annexe vient après les mémoires. De ce point de vue la place de la Préface-Annexe a une valeur esthétique et logique, comme le met en valeur Parrish:

> Il n'est pas exagéré de dire que l'intention de Diderot fut de laisser à sa Préface-Annexe le soin de fournir au lecteur une solution aux problème narratifs et esthétiques posés par le roman.[26]

Jean Varloot, dans son "avant-propos" de La Religieuse cependant, s'attache au terme "préface" que Diderot a employé et décide que la vraie place de la Préface-Annexe est au début de l'oeuvre.[27] Nous n'entrerons pas en détail dans ce problème très compliqué et souvent oiseux. Il faut pourtant remarquer qu'à cette époque, la convention ne permet pas une préface si longue et d'une forme si exceptionnelle bien que les auteurs sentent le besoin de dépasser la convention pour créer une forme littéraire plus apte à exprimer leur vision esthétique. Aussi, aurait-il été difficile pour Diderot de mettre la Préface-Annexe au début de l'oeuvre même s'il y avait pensé dès le début de la composition.

La forme de la préface dialoguée aussi se distingue des autres préfaces dans la mesure où elle est en forme de dialogue. Nous l'avons vu, la postface facilite l'établissement d'un rapport dialogique entre l'auteur et le lecteur. Or, dans la préface dialoguée, il s'agit réellement d'un dialogue entre le lecteur et l'auteur (sous le masque de l'éditeur, bien entendu): Rousseau se dédouble effectivement en R, qui est apparemment le porte-parole de Rousseau, et N, le personnage qui incarne le lecteur hypothétique. Pourtant, ici, la forme est trompeuse. Car en réalité, ce n'est qu'un pseudo-dialogue en ce sens qu'elle ne vise pas à une synthèse des opinions opposées des deux interlocuteurs, mais qu'elle n'est introduite que pour mieux convertir le lecteur réticent en disciple docile de Rousseau: ce dialogue est essentiellement ce que Carol Sherman appelle "the expository dialogue", c'est-à-dire un dialogue où "the exchange becomes a means of exposition which takes the forme of a debate";[28] car la seule fonction de N est celle du stimulant pour faire parler le personnage R.

Le dédoublement de Rousseau met en valeur le caractère unilatéral de ce dialogue. Ici, la caractérisation des deux personnages est faite de manière à favoriser un personnage aux dépends de son interlocuteur. Dans ce dialogue, le personnage R, qui est apparement le porte-parole de Rousseau, se présente sous son identité réelle. De plus, il est plus que le simple porte-parole de l'auteur dans la mesure où il se montre en chair et en os: il présente non seulement sa théorie du roman mais aussi sa personnalité totale. Son aspect physique ("Voyez l'hiver sur ma tête"), son caractère passionné ("Citoyen, voyons votre pouls?") et sa foi dans la transparence sont mis en relief. Par contre, N est dépourvu de tout caractère individuel pour ne devenir qu'un reflet de l'opinion publique sur le roman.

Ce mode de la caractérisation a un double avantage. D'abord, l'identification du lecteur réel avec le personnage N est facilitée par le fait que celui-ci est dépourvu de toute qualité personnelle. Car, comme N est un personnage "non marqué", le lecteur voit en lui moins un individu particulier qu'un représentant du lecteur en général. Par contre, la personnalité marquée de R inspire plus de confiance auprès du lecteur dans la mesure où, de cette façon, R se distingue des éditeurs fictifs du roman à éditeur conventionnnel: l'éditeur est en général un être qui s'efface derrière le personnage-narrateur, tandis qu'ici, la "roundness" du personnage R lui donne plus de réalité;[29] car, pour que le lecteur croie à l'existence réelle d'un personnage, il est essentiel qu'il ressemble à un être réel. En effet, comme le remarque John Skonnord, Rousseau utilise l'autorité personnelle de l'auteur renommé pour authentifier son oeuvre:

> Throughout he is Rousseau, the clearly identifiable author of previous literary works (some of them mentioned by name). Certainly the "authenticity" of the letters is greatly supported by Rousseau's willingness to appear as "editor" and his resolute unwillingness to appear as "author".[30]

Pourtant, ce serait trop réduire la théorie du roman de Rousseau que de ne voir qu'un trompe-l'oeil dans son attitude engagée. Plutôt, il faut y voir une nouvelle conception du roman. Chez Rousseau, la distinction entre la fiction et le document authentique n'existe pas,[31] comme nous le voyons dans la réplique que R fait à son interlocuteur:

> N. Mon jugement dépend de la réponse que vous m'allez faire. Cette correspondance est-elle réelle, ou si c'est une fiction?
>
> R. Je ne vois point la conséquence. Pour dire si un livre est bon ou mauvais, qu'importe de savoir comment on l'a fait?[32]

Nous voyons ici une différence essentielle entre l'esthétique des "gens du monde" et celle de Rousseau. Pour ceux-là, la distinction de la fiction et du document authentique est importante parce que pour eux, ces deux genres visent à deux vérités différentes:

> Un portrait [un document authentique dans la littérature] a toujours son prix, pourvu qu'il ressemble, quelque étrange que soit l'original. Mais, dans un tableau d'imagination [une fiction dans la littérature], toute figure humaine doit avoir les traits communs à l'homme, ou le tableau ne vaut rien.[33]

Selon N, le document authentique se concentre sur la vérité personnelle tandis qu'une fiction concerne la vérité universelle. Pourtant, chez Rousseau, cette distinction n'existe pas. Car chez lui, la vérité est essentiellement la même, au niveau personnel aussi bien qu'au niveau universel, comme d'ailleurs le met en valeur Starobinski:

> Il suffit d'être sincère, d'être soi, [...] Une image peut alors surgir, qui équivaut (Rousseau nous l'assure) à l'histoire authentique de l'espèce entière et qui ressuscite le passé perdu pour le révéler comme le présent éternel de la nature. Les hommes y retrouvent la certitude d'une commune ressemblance ("Chaque homme porte la forme entière de l'humaine condition", disait Montaigne).[34]

Chez Rousseau, les deux vérités sont une seule et même chose parce que derrière "les variétés" qui distinguent tous les hommes, il existe "ce qui est essentiel à l'espèce". Aussi, la fiction aussi bien que le document authentique peut-elle montrer non seulement la vérité universelle mais aussi la vérité personnelle. Ou plutôt, il n'existe même pas cette distinction dans la mesure où une bonne oeuvre se base sur la vérité humaine (qui est authentique en même temps qu'universelle) quel que soit son statut.

Rousseau met en valeur cette théorie du roman lorsqu'il envisage son livre tour à tour comme une fiction et comme un recueil des lettres. Au cours de cet examen cependant, il s'est avéré que la question réside non pas dans son statut mais dans les différentes conceptions de la vérité humaine chez les deux interlocuteurs. Pour N, les personnages de <u>La Nouvelle Héloïse</u> pèchent contre la vraisemblance parce qu'ils sont "des gens de l'autre monde". Ils pèchent encore contre la nature à cause de leur style emphatique. En d'autres termes, ils sont trop bons pour être vrais, et leur style est trop apprêté pour être authentique. A la première critique, R répond par l'image de l'homme de la nature qui n'est point gâté par les institutions: la nature fait "les belles âmes"; si nous ne les voyons pas dans la société, c'est parce que nos "institutions les gâtent".[35]

En ce qui concerne le style, R répond en disant que le style naturel que l'on estime comme une expression authentique de la passion n'est qu'une convention trompeuse de l'homme de la société qui manque de vrai sentiment:

> Ce n'est que dans le monde qu'on apprend à parler avec énergie. Premièrement, parce qu'il faut toujours dire autrement et mieux que les autres, et puisque, forcé d'affirmer à chaque instant ce qu'on ne croit pas, d'exprimer des sentiments qu'on n'a point, on cherche à donner à ce qu'on dit un tour persuasif qui supplée à la persuasion intérieure. Croyez-vous que les gens vraiment passionnés aient ces manières de parler vives, fortes, coloriées, que vous admirez dans vos drames et dans vos romans? Non; la passion, pleine d'elle-même, s'exprime avec plus d'abondance que de force; elle ne songe même pas à persuader; elle ne soupçonne pas qu'on puisse douter d'elle.[36]

Bref, "there is no 'epistolary style' here", remarque Peter Brooks, "for his [Rousseau's] lovers 'make known only themselves'".[37]

Pour Rousseau, la vérité humaine est essentiellement celle de l'homme de la nature, tandis que pour N, c'est celle de l'homme de la société. Partout dans le dialogue, Rousseau rejette les belles-lettres ainsi que le beau monde.[38] Cette réfutation est mise en valeur par le fait qu'à la fin du dialogue, N est gagné par R, comme nous le voyons dans sa prise de conscience de la différence essentielle entre la nature et l'art:

> La nature, qui n'a pas peur qu'on la méconnaisse, change souvent d'apparence; et souvent l'art se décide en voulant être plus naturel qu'elle: [...].[39]

Ainsi, la différence de la modalité entre l'éditeur de La Nouvelle Héloïse et celui du roman à éditeur conventionnel se révèle d'une nature essentielle: si celui-ci reste dans le domaine de l'art, celui-là revendique un statut de la nature. Rousseau se montre "tel qu'il est" (ou presque) pour initier avec son lecteur une communication transparente de l'homme de la nature.

Désormais, la position de Rousseau concernant le statut de La Nouvelle Héloïse est claire: cette oeuvre est au-dessus de toute création littéraire en ce sens qu'une écriture de l'homme de la nature - que ce soit Rousseau lui-même ou Julie - est plus proche de la vérité humaine qu'aucune oeuvre littéraire qui n'est qu'un produit de l'homme de la société, corrompu par les institutions sociales. Il est donc naturel que Rousseau ne se soucie pas de la distinction entre le roman et l'écrit authentique. Car cette dichotomie est sans valeur véritable dans la mesure où elle n'a rien à voir avec la vérité humaine.

Une question se présente ici: pourquoi Rousseau n'avoue-t-il pas entièrement sa paternité littéraire de son oeuvre si le statut de l'oeuvre lui est indifférent? Encore une fois, nous voyons ici l'ambivalence de Rousseau vis-à-vis de la convention littéraire. L'ambivalence de Rousseau dans son rapport avec la société est si générale que Starobinski la souligne quand il demande: "si la société est le mensonge, pourquoi conserver ces douteuses attaches?".[40] Dans les deux cas, le paradoxe est le même. De même que Rousseau-individu ne peut vivre sans la société qu'il condamne, Rousseau-auteur ne peut exister sans les gens du monde dont il baffoue la compétence littéraire. Rousseau semble s'en rendre compte quand il fait prononcer à N ce conseil: "mais, avant de publier ce manuscrit, songez que le public n'est pas composé d'ermites".

En ce sens, la position équivoque de Rousseau vis-à-vis du statut de son oeuvre met en abîme son rapport ambigu avec la société en général. D'ailleurs, sa concession de fournir une préface plus conventionnelle symbolise la position peu confortable du romancier non conventionnel pris entre sa propre conception du roman et la convention littéraire de son époque.

4. L'EDITEUR DEVIENT DANGEREUX: LES LIAISONS DANGEREUSES

"Un chef-d'oeuvre du genre [épistolaire]" mais en même temps "[sa] liquidation", Laurent Versini met ainsi en valeur la perfection technique des Liaisons dangereuses. Pourquoi "la liquidation"? Car, remarque Versini, "[l]orsqu'une forme d'art a atteint son point de parfaite maturité, elle ne peut plus que se survivre".[1] Nous pouvons dire la même chose pour la fiction de l'éditeur des Liaisons dangereuses, car, la forme épistolaire et la technique de l'éditeur sont inexorablement liées dans ce chef-d'oeuvre du roman épistolaire.

Au fait, "la géométrie sensible" dont Seylaz fait l'éloge,[2] est surtout le produit de l'exploitation habile des techniques de l'éditeur, car c'est des soins de l'organisateur que dépend l'effet surprenant de l'ironie,[3] du suspense et de la surprise qui la constituent. En outre, "l'histoire du roman" que Todorov considère comme essentielle à l'interprétation globale du roman [4] n'est possible que par la présence des personnages-éditeurs comme Mme de Rosemonde, Valmont et Mme de Volanges, etc.. Le processus de la collection des lettres est illustré dans "l'histoire dans le roman" ainsi produisant chez le lecteur l'illusion que l'oeuvre naît sous ses propres yeux: Valmont mourant donne à Danceny le recueil de lettres intitulé "Compte ouvert entre la Marquise de Merteuil et le Vicomte de Valmont" que Danceny envoie à son tour à Mme de Rosemonde; Mme de Rosemonde reçoit les lettres de Mme de Tourvel et de Mme de Volanges. D'ailleurs le "rédacteur" souligne l'authenticité des lettres en ajoutant en bas de la lettre 169 une note qui explique la genèse de l'oeuvre:

> C'est de cette correspondance ["le Compte ouvert entre la Marquise et le Vicomte"], de celle remise pareillement à la mort de Madame de Tourvel, et des lettres confiées aussi à Madame de Rosemonde par Madame de Volanges, qu'on a formé le présent Recueil, dont les originaux subsistent entre les mains des héritiers de Madame de Rosemonde.[5]

Selon Janet Altman, le roman épistolaire "[has a] tendency not only to dramatize the act of writing but also to tell the story of their own publication, either by the presence of a reader-editor figure whose collecting of letters is part of the action of the narrative or by the internal representation of letter circulation among a wide public".[6] Or, dans <u>Les Liaisons</u>, cette "internal publication" est montrée avec une habileté remarquable. D'un côté, elle s'effectue sur deux plans: <u>Les Liaisons</u> montrent non seulement la collection des lettres, mais aussi la circulation des lettres dans le monde romanesque (la circulation des lettres de la Marquise dans la société parisienne). D'un autre côté, cette "internal publication" est motivée par la logique intérieure du roman : la circulation des lettres de la Marquise venge Valmont et Danceny; Danceny envoie "le Compte ouvert..." pour se justifier auprès de Mme de Rosemonde.

De plus, dans Les Liaisons, nous constatons la mise en oeuvre la plus complète des fonctions de l'éditeur: sur les 11 fonctions de l'éditeur que nous avons énumérées dans la première partie, 8 fonctions -le découvreur, l'annotateur, le publieur, le commentateur, l'informateur, l'organisateur, l'intituleur et le personnage-éditeur - sont mises en pratique; celle du correcteur est présentée négativement, par le refus même du "rédacteur" de corriger aucun défaut de style des personnages. Etant donné que les deux fonctions absentes, à savoir le copiste et le traducteur, ne peuvent s'incorporer dans une oeuvre écrite originellement en français, et où la part de l'éditeur dépasse de loin le rôle minime du simple copiste, toutes les fonctions possibles de l'éditeur y sont effectivement mises en oeuvre.

Pourtant, le but ultime de toute cette perfection technique ne semble pas résider dans l'illusion de l'authenticité du manuscrit. Car dès la préface, cette illusion est mise en cause. Les Liaisons commencent par une double préface qui se contredit: "l'éditeur" (qui assume le rôle de publieur selon notre typologie) déclare que "ce n'est qu'un roman" tandis que le "rédacteur" souligne l'authenticité des lettres qu'il publie en disant que "ce Recueil [...] ne contient [...] que le plus petit nombre des Lettres qui composaient la totalité de la correspondance dont il est extrait", et que son travail ne consiste qu'à "élaguer tout ce qui [lui] paraîtrait inutile" et qu'à "replacer par ordre les Lettres qu'[il a] laissé subsister", bref toutes les fonctions que l'éditeur conventionnel prétend assumer.[7] Comme dans le cas de Rousseau dans La Nouvelle Héloïse, l'ambiguïté que produit cette contradiction laisse le lecteur dans l'embarras.

Il est vrai qu'à cette époque, "l'éditeur sceptique" est déjà devenu une forme assez répandue de la fiction de l'éditeur. Comme nous l'avons vu, l'éditeur des Intrigues met en cause l'authenticité du manuscrit du fait de l'invraisemblance des événements. Nous l'avons dit, il s'agit d'un jeu tacitement accepté entre l'auteur et le lecteur. Si Seylaz voit dans la double préface des Liaisons "rien que d'assez ordinaire", c'est parce qu'il tient compte surtout de cet aspect conventionnel. Selon lui, c'est un jeu pur et simple qui consiste à dire au lecteur: "feignez de croire que vous avez affaire à un document, comme moi je feins de ne pas en être l'auteur".[8] En d'autres termes, l'auteur essaie de faire du lecteur le complice volontaire de son entreprise qui consiste à assigner à l'oeuvre un statut documentaire.

Pourtant, le jeu de la double préface est beaucoup trop complexe pour un traitement aussi simpliste. D'ailleurs, la confusion que produit Laclos par ce jeu ne semble pas, comme chez Rousseau, consister à faire accepter au lecteur le discours de l'éditeur en le décourageant dans son effort de démêler la vérité. Plutôt, Laclos semble viser à la destruction totale de l'autorité de l'éditeur en ce sens que le discours de "l'éditeur" aussi bien que celui du "rédacteur" se détruit, non seulement par la contradiction mutuelle mais aussi dans l'intérieur même de chaque texte.

Le discours du "rédacteur" est d'abord détruit par "l'Avertissement". Le "rédacteur" est relégué au niveau fictif dans la mesure où "l'éditeur" traite la prétention à l'authenticité du "rédacteur" comme un mensonge: à entendre "l'éditeur", le "rédacteur" ne peut être celui qu'il prétend être (c'est-à-dire, un éditeur); car si "cet Ouvrage [...] n'est qu'un Roman", comme affirme "l'éditeur", les activités éditoriales que le "rédacteur" explique dans sa "Préface" n'auraient pas pu avoir lieu. Il est vrai que l'éditeur est toujours un personnage fictif: le processus de l'édition dont parle l'éditeur dans la préface n'a jamais lieu. Les techniques ingénieuses qu'emploient les romanciers du XVIIIe siècle sont donc des moyens de cacher la fictivité fondamentale de l'éditeur. Par contre, <u>Les Liaisons</u> la met en valeur en encadrant "la Préface du Rédacteur" par "l'Avertissement". Car comment prendre le "rédacteur" pour une source objective de la connaissance quand son identité même est mise en cause? Désormais, le "rédacteur" n'est plus en dehors de la fiction: il est un personnage inventé par l'auteur tout comme Valmont et Merteuil. D'ailleurs, il a une personnalité très marquée qui constitue une irrégularité dans la convention de l'éditeur: Thelander l'a remarqué, le "rédacteur" a "a certain obtuseness and pedantry" qui produisent chez le lecteur "humorous relief". [9] La fictivité du "rédacteur" ainsi mise en valeur sape son autorité auprès du lecteur: une fois que le lecteur commence à douter de son statut de juge ultime de la vérité romanesque, il ne peut plus prendre le "rédacteur" pour le porte-parole transparent de l'auteur. Les commentaires qu'il donne dans la préface et dans les notes n'équivalent donc plus à la signification globale de l'oeuvre. Car étant un personnage fictif, il n'est qu'une voix parmi une multiplicité de voix dont dépend la structure interprétative de l'oeuvre.

La double préface est donc une mise en abîme de la pratique de l'éditeur. Pourtant, comme Wohlfarth l'a remarqué avec raison, "l'image en abîme" est ici un "abyss":[10] l'encadrement du "rédacteur" met en cause le statut de "l'Avertissement" comme cadre. Car le fait que le "rédacteur" est une identité fictive laisse voir la possibilité que "l'éditeur" lui-même soit fictif: tous les deux prétendent assumer la même fonction, à savoir, celle d'éditer le manuscrit. Nous pouvons donc dire que l'encadrement détruit non seulement l'autorité du "rédacteur" mais aussi celle de "l'éditeur: le "rédacteur" et "l'éditeur" se détruisent mutuellement par leur réflexivité même.

Quant à la destruction intérieure, c'est le jeu de l'ironie qui sape l'autorité de ces deux personnages. D'abord, chez l'éditeur, la contradiction de ses arguments ironiques met en cause sa sincérité:

> En effet, plusieurs des personnages qu'il [le rédacteur] met en scène ont de si mauvaises moeurs, qu'il est impossible de supposer qu'ils aient vécu dans notre siècle: dans ce siècle de philosophie, où les lumières, répandues de toutes parts, ont rendu, comme chacun sait, tous les hommes si honnêtes et toutes les femmes si modestes et si réservées.
>
> Pour préserver au moins, autant qu'il est en nous, le lecteur trop crédule de toute surprise à ce sujet, nous appuierons notre opinion d'un raisonnement que nous

> lui proposons avec confiance, parce qu'il nous paraît victorieux et sans réplique. C'est que sans doute les mêmes causes ne manqueraient pas de produire les mêmes effets; et que cependant nous ne voyons point aujourd'-hui de demoiselle avec soixante mille livre de rente, se faire religieuse, ni de présidente, jeune et jolie, mourir de chagrin.[11]

Non seulement la contradiction apparente des deux passages, mais aussi l'emploi répété de l'adverbe "si", l'exagération ("tous les hommes", "toutes les femmes", etc.) et l'invitation à la complicité ("comme chacun sait") ne laissent aucun doute qu'il s'agit ici d'une intention ironique.

Quoique l'ironie soit un concept qui se prête à une multiplicité de définitions, il semble qu'il existe un élément essentiel qui échappe à toute objection: l'ironie consiste à suggérer autre chose que ce qu'on dit ostensiblement.[12] Or, si le message apparent de "l'éditeur" n'est pas ce qu'il entend réellement, quel est son vrai message? Il faut noter ici qu'au cours de cette réflexion, ce n'est pas seulement la signification des passages en question mais aussi la validité du texte entier qui est mise en cause. Car l'existence de l'ironie rend suspecte la sincérité du texte entier. Wohlfarth met en valeur cette influence corrosive de l'ironie quand il affirme que "l'Avertissement [...] finally succeeds in warning us only against itself, finds none of his [éditeur] statements intact, not even the truism that the book is 'only a novel'".[13]

Dans le cas du "rédacteur", comme Jean Fabre l'a remarqué, c'est le conventionnalisme de ses arguments qui nous frappe comme l'élément de l'ironie.[14] Car en 1782, suivre mot pour mot l'argument tracé par la convention constitue l'aveu de la fiction. D'ailleurs, Laclos met en valeur l'intention ironique par l'introduction des tournures qui font écho à la préface de <u>La Nouvelle Héloïse</u>.[15] Pourquoi imiter argument pour argument un texte dont personne n'ignore la fictivité, sinon pour accentuer son intention ironique? A part "le lecteur trop crédule", personne ne manquera d'y voir une fiction. C'est dans cet esprit que Thomas voit le paradoxe du "rédacteur": "The Editor [le "rédacteur"], while ostensibly proving the authenticity of the correspondance, shows rather that it is fiction".[16] Aussi, pouvons-nous dire que le texte entier de "La Préface du Rédacteur" est ironique, non parce que nous trouvons des contradictions apparentes comme chez "l'éditeur" mais parce qu'auprès du lecteur, il fait le contraire de ce qu'il dit.

Il est intéressant de remarquer ici le changement de position, produit par le jeu de l'ironie, entre "l'éditeur" et le "rédacteur" vis-à-vis de l'authenticité: maintenant, c'est plutôt "l'éditeur" qui laisse voir la possibilité que l'oeuvre est authentique tandis que le "rédacteur" la détruit par sa conventionnalité. Il existe encore une contradiction entre "l'éditeur" et le "rédacteur", mais la situation est inversée. Ainsi, le lecteur, après s'être prêté au jeu de l'auteur, se trouve dans la même confusion qu'avant, l'auteur ne lui fournissant aucun indice qui aide le lecteur à déterminer à qui se fier.

La fonction de l'ironie réside donc dans la production d'un niveau supplémentaire de contradiction. Mais dans quel but?

Selon Peter Brooks, c'est une prévention de l'auteur contre le danger de la lecture:

> This irony succeeds admirably in putting us on our guard, preparing us for a reading of these "Lettres recueillies dans une Société, et publiées pour l'instruction de quelques autres", in which, the Editor warns us, almost all the emotions expressed are "feigned or dissimulated".[17]

Cette mise en garde est d'une importance primordiale pour un roman aussi dangereux que Les Liaisons: car "the book demands an alert and emotionally tough reader, or its effect could be corrosive indeed".[18]

Cette sorte de lecture met tout en cause, même le discours de l'éditeur, parce que le lecteur comprend au cours du décodage de la double préface que l'éditeur n'est pas plus fiable que les personnages, non seulement parce que son identité est fictive mais aussi parce que son discours s'avère "feint" et "dissimulé" tout comme celui de Merteuil ou de Valmont. La valeur esthétique de la double préface réside dans le fait qu'elle est intégrée dans le monde romanesque des Liaisons: c'est un exemple des rapports humains qui sont illustrés dans le roman dans la mesure où la duplicité caractérise non seulement les rapports des personnages mais aussi celui entre le lecteur et l'éditeur.[19]

En ce sens, la double préface marque le commencement d'un nouveau rapport entre le lecteur et l'éditeur. Car par un effet paradoxal, la mystification créée par la double préface démystifie le lecteur sur le statut de l'éditeur dans la structure de significations du roman: l'éditeur n'est plus une source objective de la connaissance mais il est "unreliable" comme tous les personnages du roman. De même que, d'après Wayne Booth, l'introduction du "unreliable narrator" nécessite un nouveau mode de lecture dans la mesure où le lecteur est obligé de lire critiquement le discours du narrateur,[20] ici, l'éditeur "unreliable" demande au lecteur une position critique vis-à-vis du discours de l'éditeur. Pourtant, si Laclos est le premier à souligner la relativité de l'éditeur dans la structure de significations du roman, en realité, il ne fait qu'amener à sa conclusion logique une évolution de la convention de l'éditeur qui se fait depuis le moment où l'on s'est avisé d'utiliser la fiction de l'éditeur pour donner à son roman un air vrai. Car, outre que l'éditeur est une identité fictive, la signification du roman est souvent trop complexe pour se confiner dans la catégorisation d'un seul personnage, même quand ce personnage est l'éditeur.

III. LA RHETORIQUE DE LA LECTURE:
L´EDITEUR DANS LE CORPS DU ROMAN

1. INTRODUCTION

La présence de l´éditeur dans le corps du roman semble être un développement tardif de la fiction de l´éditeur. Dans le roman-mémoires qui caractérise la production romanesque de la première moitié du XVIIIe siècle, l´éditeur ne dépasse guère le seuil de la préface pour mêler sa voix à celle du mémorialiste. Par contre, dans le roman épistolaire qui est généralement considéré comme le successeur du roman-mémoires, l´éditeur est plus visible: sa présence est sentie sous quatre formes différentes à travers le texte; d´abord, on le voit comme le narrateur qui intervient directement dans la narration pour suppléer à la voix des épistoliers individuels; deuxièmement, par le biais des notes; troisièmement, comme les mains invisibles qui arrangent les lettres; et finalement, comme celui qui donne à l´oeuvre son titre et les titres de chapitre.[1] Avant de s´embarquer dans l´examen de ces quatre types, il faut souligner pourtant que cette grande visibilité de l´éditeur dans le texte ne signifie pas un agrandissement de son pouvoir. Plutôt, elle reflète le malaise croissant du romancier vis-à-vis du public devenu de plus en plus méfiant.

Dans les romans-mémoires, l'authenticité semble souvent une conception assez relâchée: l'éditeur prétend que les mémoires qu'il présente sont authentiques, tout en avouant que la composition actuelle est la sienne. Voici l'exemple de Courtilz de Sandras:

> [J]e rassemble ici quantité de morceaux que j'ai trouvés parmi ses papiers après sa mort. Je m'en suis servi pour composer ces Mémoires, en leur donnant quelque liaison. Ils n'en avaient point d'eux-mêmes, et c'est là tout l'honneur que je prétends me donner de cet ouvrage. Voilà aussi tout ce que j'ai mis du mien.[2]

Prévost va plus loin dans son traitement du prétendu "manuscrit" quand il fait voir la raison pour laquelle il est obligé de publier en français un "manuscrit" écrit originellement en anglais.

> Je me serais chargé de ce soin [celui de mettre le manuscrit en ordre, et de "donner un air d'histoire et de narration suivie"], sans balancer, si j'eusse su la langue angloise assez parfaitement pour me flatter de pouvoir atteindre aux agréments du style: mais comme il y a bien loin de la simple intelligence d'une langue, au talent de l'écrire avec politesse, je me bornai au dessein d'entreprendre, en françois, ce que je ne me sentois point capable d'exécuter en anglois.[3]

Ici, on voit que la participation de l'éditeur dans l'établissement du texte est globale: il ne s'agit plus d'une simple mise en ordre mais d'une "réécriture"; car le style même des mémoires dépend moins de l'auteur que de l'éditeur.

La présence ou l'absence de l'éditeur dans le texte n'a donc rien à voir avec le degré de sa participation actuelle dans la production de l'oeuvre, non seulement sur le plan référentiel (car l'ouvrage sort toujours de la plume du romancier, quel que soit le degré de l'engagement avoué de l'éditeur) mais aussi sur le plan fictif (c'est-à-dire, selon l'aveu même de l'éditeur). Plutôt, c'est l'une des diverses décisions que le romancier prend sur la forme de son ouvrage. Aussi faut-il la considérer non comme un phénomène référentiel mais comme une technique romanesque génératrice d'illusion.

Parmi les quatre modalités de l'éditeur que nous constatons dans le texte, à savoir, l'intervention directe, les notes, l'organisation et l'intitulation, la première semble une technique peu explcitée par les romanciers du XVIIIe siècle, non seulement sur le plan quantitatif mais aussi sur le plan qualitatif: d'un côté, elle se trouve dans un nombre très limité de romans à éditeur; d'un autre côté, sa fonction ne dépasse pas un simple remplissage de la lacune que laisse le "manuscrit".

Cette pauvreté relative est dûe au fait que l'intervention directe de l'éditeur dans la narration constitue une infraction flagrante à la convention de l'éditeur: dans le roman à éditeur, la narration appartient aux personnages-narrateurs, prétendus auteurs du "manuscrit". D'ailleurs, l'éditeur devient quelque chose d'autre à mesure que son intervention s'étend sur un large espace: l'éditeur de <u>Werther</u> par exemple, ressemble plus au personnage-narrateur qu'à l'éditeur proprement dit quand il poursuit sa narration jusqu'à s'occuper des détails de la mort du héros; il n'y a presque aucune différence entre cet éditeur et le narrateur extradiégétique de <u>Jean Santeuil</u>, c'est-à-dire le Moi anonyme qui introduit l'auteur du récit principal de cette oeuvre, sauf le fait que celui-là se nomme "éditeur".

Toutefois, cette limitation n'opère pas toujours au préjudice de la fiction de l'éditeur. Car comme nous l'avons vu dans la première partie, l'intervention de l'éditeur répond aux diverses difficultés que présente la narration à la première personne. D'ailleurs, s'il est vrai que Richardson en tant qu'auteur pèche sur le chapitre de la vraisemblance quand, dans <u>Pamela</u>, il trouve en elle une solution facile de la difficulté narrative, chez Goethe, la présence de l'éditeur dans le texte trouve une justification immanente: la narration de l'éditeur est vraisemblable dans la mesure où il prend soin de souligner la source de sa connaissance. De plus, chez Goethe, l'intervention a une valeur connotative dans la structure de signification de l'oeuvre: le changement du mode de la narration est l'indice même de la situation psychologique du héros. Car comme John Skonnord l'a bien remarqué, le changement de voix met en valeur "the worsening relationship between Werther and the world in which he lives and tries to act",[4] dans la mesure où il symbolise l'incapacité du héros de communiquer avec le monde extérieur.

Dans <u>La Religieuse</u>, nous constatons un phénomène semblable: l'intervention de l'éditeur marque un changement dans la situation de l'héroïne, et cela sur le niveau dramatique aussi bien que narratif. Notre analyse de <u>La Religieuse</u> montrera qu'une intervention aussi limitée par son étendue n'en est pas moins une technique de l'illusion non seulement efficace mais aussi révélatrice de l'esthétique romanesque de l'auteur: comme toute infraction à la convention, l'intervention directe de l'éditeur peut donc devenir un défaut aussi bien qu'une innovation selon la manière dont on s'y prend.

Dans un roman à éditer, la préface et les notes sont les terrains proprement donnés à l'éditeur. Pourtant, si la préface est considérée comme indispensable dans l'interprétation de l'oeuvre, ayant une valeur à la fois narrative et théorique,[5] les notes constituent un domaine longtemps négligé dans les études littéraires.[6] Cette négligence est dûe en partie au caractère proprement "marginal" des notes dans l'ensemble de l'oeuvre: comme le prouve la pratique générale de l'annotation, les notes ne sont souvent qu'un "hors-texte" dont le lecteur peut se passer sans trop faire injustice au texte.

Pourtant, avec l'intérêt croissant pour les "marginalia", on commence à s'apercevoir de la valeur esthétique et interprétative des notes. La typologie extrêmement complexe que Genette établit des notes dans son étude du paratexte [7] suggère d'ailleurs que leur fonction esthétique dépasse de loin la conception traditionnelle des notes, c'est-à-dire, celle d'un appareil de simple référence.[8]

L'analyse systématique des diverses fonctions qu'assument les notes dans le texte dépasse la portée de notre étude. De plus, les notes de la fiction ne se conforment pas nécessairement aux règles auxquelles se soumettent celles des autres textes parce qu'il y a une différence essentielle entre elles: si la fictionalité des notes est d'avance exclue dans le texte non fictionnel, "les notes fictionnelles, remarque Genette, sous le couvert d'une simulation plus ou moins satirique de paratexte, contribuent à la fiction du texte".[9] Un cas limite serait <u>Finnegans' Wake</u> de Joyce dont le chapitre X montre un exemple par excellence des notes qui prévalent sur le texte principal dans le système de signification. Car ici,

> the 'primary' text, the storytelling of the chapter, is not always the principal or dominant text. It is always surrounded by, enclosed, and sometimes almost engulfed [...] by the marginal commentary.[10]

Etrange renversement du texte et du paratexte. D'où la question de Genette concernant le statut des notes fictionnelles: "s'agit-il d'ailleurs bien de paratexte?"

Il serait oiseux de répondre à cette question, quand Genette lui-même ne voit aucune raison d'insister sur une catégorie qui "n'existe pas à proprement parler", le paratexte étant une notion qui "relève davantage [...] d'une décision de méthode que d'un constat de fait".[11] Ce qu'il faut retenir ici, c'est seulement le fait que dans la fiction, les notes sont d'ordre fictif. Il faut donc les considérer comme faisant partie de la fiction, mais non comme un texte à l'extérieur de la fiction. Et cela, même quand la réalité extérieure à la fiction est appelée, parce que les notes, observe Benstock, "belong to a fictional universe, stem from a creative act rather than a critical one, and direct themselves toward the fiction and never toward an external construct".[12]

Dans le roman à éditeur, il est donc naturel de supposer que les notes qui apparaissent les plus innocentes, comme celles qui expliquent les mots étrangers, servent un but esthétique. En effet, dans les <u>Lettres persanes</u>, nous voyons que les notes renforcent l'illusion de l'authenticité. Sinon, quel but pourrait leur être attribué? Ce n'est pas par respect pour l'original. Car "l'Introduction" montre que Montesquieu n'est pas aussi scrupuleux quand il s'agit des expressions persanes en général:

> J'ai retranché les longs compliments, dont les Orientaux ne sont pas moins prodigues que nous, et j'ai passé un nombre infini de ces minuties qui ont tant de peine à soutenir le grand jour, et qui doivent toujours mourir entre deux amis.[13]

En introduisant quelques mots persans dans une traduction française, et en les mettant en valeur par l'ajout des notes, Montesquieu accentue le caractère exotique des lettres. Or, l'exotisme sert d'un garant d'authenticité auprès du lecteur. Car "the public, souligne Philip Stewart, it would appear, had the vague impression that something printed or written in another country was likely to be more authentic than something French". [14]

Chez Maton pourtant, la haine de la note l'emporte non seulement sur l'effet de l'exotisme mais aussi sur le souci de vraisemblance. En tête de la Préface de <u>Mikou</u> <u>et</u> <u>Mézi</u> l'auteur prévient le lecteur contre l'usage des notes:

> Pour ne point multiplier des Notes, qui coupent toujours le fil d'un Ouvrage, on avertit le Lecteur, au sujet de <u>Mikou</u> <u>et</u> <u>Mézi</u>, que tout ce qui choquera nos Usages, et

> quelquefois la vraisemblance, est historique quant au fond. Voyez La Louverre, Gervaise, les Pères le Blanc et Tachart, l'Abbé de Choisi, et l'Histoire Moderne.[15]

Nous voyons ici que l'existence des notes dans le roman dépend de la prise de position de l'auteur vis-à-vis de cette pratique: tout comme la décision d'écrire le roman sous forme de lettres ou de mémoires, celle d'inclure les notes appartient au domaine artistique.

Il reste maintenant à examiner la fonction des notes fictionnelles. Comme nous l'avons vu dans la première partie, l'éditeur joue, par le biais des notes, une multiplicité de rôles qui peuvent se classifier en gros sous les fonctions d'annnotateur, de commentateur et d'informateur. Nous ne reviendrons pas sur les diverses manifestations de ces trois types d'éditeur déjà examinées dans la première partie, ni sur leur rapport avec le texte qu'ils glosent. Ce qui reste à souligner ici, c'est le caractère intermédiaire des notes dans la chaîne de lecture à laquelle est soumis le prétendu "document". Nous l'avons dit, l'éditeur est le premier lecteur du texte. Or, la lecture de l'éditeur se manifeste dans le texte de deux façons. D'abord, elle est implicite dans l'organisation et dans l'intitulation: la sélection, l'arrangement du texte et même le titre et les en-têtes reflètent la lecture qu'il a faite de son manuscrit. Le deuxième mode de sa lecture est plus visible dans le texte parce qu'ici, l'éditeur parle directement au lecteur en assumant les rôles du commentateur et de l'annotateur. D'ailleurs, l'instance narrative de l'éditeur crée un autre niveau de lecture dans la mesure où le destinataire de l'éditeur n'est ni le lecteur réel ni le narrataire intradiégétique à qui le "document" est destiné. [16]

Dans un roman à éditeur, nous pouvons donc supposer au moins quatre niveaux de lecture: celle du narrataire intradiégétique, celle de l'éditeur, celle du narrataire extradiégétique (c'est à dire le destinataire de l'éditeur) et finalement la nôtre. Notre expérience de lecteur est influencée par les trois premières dans la mesure où elles guident notre lecture en attirant notre attention sur un aspect spécifique du récit. En effet, il existe un consensus d'opinion parmi les critiques sur le fait que le lecteur dans le texte influe bel et bien sur le lecteur réel. Pourtant, il ne semble pas qu'il y ait un accord général sur la question de savoir comment cette influence s'effectue: aucune théorie ne semble expliquer toutes les complexités du processus de la lecture. C'est d'ailleurs à cause de cette impossibilité qu'on cherche à se concentrer sur un certain aspect limité de cette influence en choisissant d'en examiner les manifestations textuelles. [17]

Ainsi ne prétendons-nous pas formuler une théorie générale concernant la lecture de l'éditeur. Plutôt, notre analyse sera une description du rapport entre la modalité de l'éditeur et notre lecture dans le contexte particulier des oeuvres individuelles. Nous avons vu dans la première partie que l'une des fonctions principales du commentateur est de tracer une ligne directrice pour la lecture "correcte". Or, dans un certain sens, toutes les notes de l'éditeur ont une valeur idéologique. Car s'il est vrai que la fonction idéologique est la plus apparente dans les commentaires que fait l'éditeur sur les idées ou les actions des personnages, il n'y a guère de notes qui ne puissent servir au but idéologique de l'éditeur: même une simple attestation des faits ou une insistance sur la correction du style en apparence toute "innocente" peut servir à la manipulation du lecteur en attirant son attention sur un certain aspect du personnage et par conséquent, sert à favoriser un type particulier d'interprétation.

Nous pouvons donc distinguer, selon la présence ou l'absence des signes apparents de l'intention idéologique, deux types de manipulation: la manipulation directe, quand le jugement moral de l'éditeur est placé au premier plan dans les notes; la manipulation est indirecte quand cette fonction idéologique est cachée derrière une apparence d'information factuelle. Il est à supposer que ces deux moyens de manipulation influent différemment sur la lecture. Car si le lecteur n'a aucune autre source de connaissance quand il s'agit des faits romanesques, pour le jugement moral et idéologique des personnages, il a non seulement les commentaires de l'éditeur, mais aussi le discours des personnages-narrateurs sur lesquels baser son jugement. Notre hypothèse initiale est que dans la manipulation indirecte, l'autorité de l'éditeur ressemble à celle du narrateur omniscient, tandis que dans la manipulation directe, cette autorité n'est que personnelle, comme pour tous les personnages-narrateurs.

Il faut pourtant noter que, dans la manipulation indirecte, l'éditeur ne prétend pas avoir l'omniscience en ce qui concerne les faits romanesques. Loin de là: l'éditeur, comme tous les narrateurs qui parlent à la première personne, semble se soumettre à la limitation de sa vision. Aussi cherche-t-il à justifier la transgression de cette limitation par des explications supplémentaires. L'éditeur de La Paysanne pervertie la trouve dans la preuve documentaire:

> [Cette lettre tomba entre les mains de Mme Parangon, qui l'ouvrit trompée par la forme de l'adresse: mais ses yeux s'étant portés sur l'article du mariage proposé pour Ursule, elle le lut, et tout en reconnaissant que la lettre n'était pas pour elle, elle fut charmée qu'Edmond ne la vit pas en entier: elle en enleva les deux dernières pages, qui ne tenaient pas au reste, et il ne vit plus que ce qui regardait Laure; encore lorsqu'il l'eut parcourue, tâcha-t-elle de s'en emparer: c'est ce que dit une note à demi effacée, que je trouve au bas, et lorsqu'elle fut à Paris, elle la remit à Mme Canon, qui nous l'a conservée. [...].[18]

A force d'être scrupuleux, Restif verse dans l'invraisemblable. Pourtant, l'explication des sources ne semble pas une condition absolue de vraisemblance. Car ce même éditeur, au début si méticuleux dans la justification de sa connaissance, s'en passe totalement vers la fin du livre. Voici un exemple de ses notes finales:

> Il n'y eut point de post-script; l'infortunée n'en eut pas le temps. Elle jeta sa lettre par l'oeil-de-boeuf, espèce de trou rond, propre à passer un fusil pour tirer dans la campagne; la laitière la ramassa; mais la remit aux gens de la maison.[19]

Est-ce parce que l'auteur a senti qu'une fois entré dans le jeu, le lecteur n'a plus besoin de références pour le croire sur parole? En effet, notre expérience de lecteur nous apprend que le lecteur ne met guère en question la vérité de cette information. Car nous ne nous apercevons même pas, au moins à la première lecture, que cette pratique est une transgression de la loi du genre. En ce sens, l'autorité de l'éditeur concernant les informations factuelles est toute conventionnelle: comme dans le cas du narrateur omniscient, il semble exister dans ce domaine un accord tacite entre l'auteur et le lecteur sur la liberté dévolue à l'éditeur d'en savoir plus que son statut de lecteur du "document" ne le permet. Si l'éditeur cherche l'appui des preuves documentaires, c'est donc moins pour une justification véritable que pour en donner l'air, tout comme le propre du roman à éditer consiste plus à donner l'illusion de l'authenticité qu'à y faire réellement croire.

Il en va tout autrement de la manipulation directe. Ici, l'éditeur n'est plus le dépositaire de la vérité. Car à la différence des informations factuelles, le jugement est une activité dont tout le monde est capable. Il est vrai qu'ici encore, l'éditeur jouit d'une grande autorité auprès du lecteur: son objectivité apparente à l'égard des personnages ainsi que sa position privilégiée de premier lecteur donne à ses opinions une valeur primordiale pour la lecture. Pourtant, il faut souligner ici que son autorité est relativisée en ce sens qu'en devenant un élément parmi une multiplicité de discours interprétatifs de l'oeuvre, elle a perdu sa valeur absolue, laissant ainsi la possibilité que le lecteur rejette son jugement comme injuste ou mal à propos.

Cette différence se manifeste pleinement quand nous comparons deux des notes pleines d'implications idéologiques que donne le "rédacteur" des <u>Liaisons</u>. Il s'agit ici des lettres 9 et 93. Dans la lettre 93, Danceny cite Valmont qui prétend avoir trouvé "un moyen simple, commode et sûr" de mettre les lettres de Danceny à son amante. Ne sachant en quoi consiste ce moyen, Danceny exige à Cécile d'obéir à Valmont, préparant ainsi sa propre perte. Car, en réalité, c'est un piège que tend Valmont pour violer Cécile. Or, le "rédacteur" renforce l'ironie de la situation en commentant: "Danceny ne sait pas quel était ce moyen, il répète seulement l'expression de Valmont".[20] Cette note a toute l'apparence d'une information objective. La valeur manipulative de cette phrase est pourtant incontestable: tout en étant une attestation du fait, elle est un jugement indirect de Danceny dans la mesure où elle met en valeur son caractère crédule et superficiel. Ce jugement est d'autant plus négatif qu'il fait se distancier de Danceny le lecteur qui sait quel est "ce moyen". Car par ce commentaire, l'éditeur crée une complicité entre le lecteur et Valmont, le trompeur de Danceny, en lui faisant partager le plaisir jouissif du libertin qui voit réussir son stratagème.

Le lecteur n'est pas dans la même position quand il s'agit de la note dans la lettre 9. Ici, le rédacteur classe Valmont dans la catégorie des "scélérats": "L'erreur où est Mme de Volanges, dit-il, nous fait voir que Valmont comme tous les scélérats ne décelait pas ses complices".[21] Ce jugement n'a pas une valeur aussi absolue que l'ignorance de Danceny mentionnée plus haut. Car ayant les lettres de Valmont comme base de jugement, le lecteur est libre d'accepter ou de rejeter le jugement du rédacteur. D'ailleurs, ce jugement est d'une nature suspecte. Car, comme le jugement négatif de Danceny le montre, il y a lieu à supposer que le "rédacteur" sympathise avec Valmont. Nous le verrons, l'ambiguïté morale dont on accuse Laclos vient en partie de cette ambivalence du "rédacteur" vis-à-vis de Valmont. Laclos exploite donc la possibilité qu'offre la relativisation du discours de l'éditeur. Car pour jouer avec les conventions de moralisme imposées par le genre à l'auteur, il faut que le mot "scélerats" soit relativisé et ne détienne pas le sens absolu de celui dans la fameuse indication de _Tartuffe_: "c'est un scélérat qui parle". [22]

Il reste à savoir comment le lecteur arrive à interpréter les jugements de l'éditeur. Comme la lecture est un processus complexe où non seulement le texte, mais aussi les expériences personnelles de chaque lecteur entre en jeu, l'analyse semble d'avance vouée à l'échec. Nous n'essayerons donc pas d'examiner ce qui se passe véritablement dans le cerveau du lecteur mais plutôt de trouver les indices textuels de la lecture, et ainsi d'arriver par une voie indirecte à une compréhension de la lecture potentielle du texte.

Ici, trois éléments semblent s'imposer. Ce sont: la justification que donne l'éditeur à son jugement; son rapport avec les personnages; son rapport avec le lecteur. Pour le premier élément, sa valeur interprétative est évidente: comme dans tous les arguments, la réception de l'opinion dépend en grande partie de la façon dont l'éditeur appuie son jugement. Le plus souvent, l'éditeur a recours aux références réelles, comme aux ouvrages des autres écrivains. L'exemple par excellence serait <u>Le Comte de Valmont</u> de Gérard où l'éditeur cite dans presque chaque note les auteurs éminents.[23] Quelquefois, l'éditeur puise sa justification à l'intérieur même de l'oeuvre. Comme nous l'avons vu chez Richardson, les lettres antérieures servent de preuve de la justesse de son jugement. A l'éditeur de <u>La Paysanne pervertie</u>, la correspondance de sa vision avec celle de Pierrot, le personnage-éditeur de cette oeuvre, sert d'appui:

> [...] M. Gaudet, pour le peindre d'une manière bien sentie, nous a paru avoir naturellement un bon coeur, une âme excellente; mais jeté malheureusement parmi des hommes sans moeurs, opprimé par un parent injuste, doué d'un tempérament ardent au plaisir, il a perdu de bonne heure toute estime pour les hommes, toute croyance; [...] il succombe alors en héros païen, et fait regretter que ses grandes et belles qualités n'aient pas eu l'appui de la religion divine, faite pour le bonheur des hommes. Preuve évidente, sans réplique, sublime, qu'elle est nécessaire; <u>c'est le fruit que le bon Pierre R** a prétendu que sa famille retirât de la lecture des lettres qui composent Le Paysan et La Paysanne pervertie.</u>[24]

Le rapport entre les personnages et l'éditeur influe également sur notre lecture dans la mesure où un commentaire de l'éditeur prête à des interprétations différentes selon les rapports qu'il entretient avec les personnages: la condamnation faite par l'éditeur d'un personnage avec qui il garde un rapport amical est interprétée différemment de celle destinée à un personnage dont il désavoue la personnalité. Dans le roman de Restif cité plus haut par exemple, le jugement sévère porté par Pierrot sur sa soeur Ursule n'est pas une vraie condamnation: "Quel raffinement de libertinage! mais quelle punition effroyable l'attend?"[25] Car pour le lecteur qui est au courant de leur parenté et de leur amour fraternel, ce commentaire frappe plutôt comme une lamentation. D'ailleurs, la personnalité de l'éditeur ainsi mise à jour joue également un rôle important dans le jugement du lecteur sur les actions des personnages. Si l'éditeur a une personnalité désagréable, il est naturel que le lecteur soit moins apte à s'aligner avec lui. Mais ces considérations empiètent déjà sur notre troisième élément, à savoir, le rapport entre l'éditeur et le lecteur. Car c'est souvent l'attitude de l'éditeur vis-à-vis de son destinataire qui décide l'image de l'éditeur.[26]

Quant au rapport de l'éditeur avec le lecteur il en existe en gros trois types: il est soit "anonyme", soit "officiel" ou "personnel" selon la façon dont l'éditeur se nomme. Le rapport est "anonyme" quand l'éditeur se contente de donner des renseignements sans se montrer: l'explication des mots exotiques, les références de la citation et un certain type de renseignements supplémentaires concernant les événements romanesques, bref, toutes les notes où l'éditeur ne se nomme pas entrent dans cette catégorie. Ce genre de rapport produit chez le lecteur l'impression de la plus grande objectivité, dans la mesure où ces informations ont l'apparence de la vérité factuelle. Pourtant le rapport "anonyme" ne nous intéresse pas ici parce que dans ces notes, il n'existe aucune interaction entre l'éditeur et son destinataire.

Le rapport "officiel" se situe à mi-chemin entre le rapport "anonyme" et le rapport "personnel": car ici, si l'éditeur parle en tant qu'"on", le pronom par excellence d'anonymat, il montre certains traits personnels qui manquent dans le rapport "anonyme". En revanche, s'il ressemble au narrateur à la première personne par le fait qu'il garde un contact personnel avec son destinataire, la fonction phatique n'est pas aussi importante dans son discours que dans celui qui parle à la première personne. D'ailleurs, dans ce rapport, l'éditeur révèle peu d'informations personnelles de sorte que pour le lecteur, il est souvent une identité aussi insaisissable que le pronom qui le représente.

Le rapport le plus intime, c'est donc le rapport "personnel" où l'éditeur parle à la première personne. Dans ce rapport, il se développe une situation dialogique dans la mesure où le "je" suppose toujours un destinataire, sinon un interlocuteur. Toutefois, cette intimité n'inspire pas nécessairement au lecteur le plus grand degré de confiance en la personnalité de l'éditeur ou en son jugement. Car la distance n'est qu'un élément parmi beaucoup d'autres déterminant l'image de l'éditeur auprès du lecteur: le ton, les traits personnels de l'éditeur et le genre de lecteurs à qui il s'adresse, pour n'énumérer que les plus apparents, concourent à produire une image positive ou négative de l'éditeur.

Si nous commençons notre analyse par l'examen des pronoms, ce n'est donc point parce que la voix narrative est l'élément unique qui détermine le rapport entre l'éditeur et son destinataire. Plutôt, c'est parce que le choix du pronom exerce une influence globale sur le texte. Car, tout comme le choix entre la narration à la première personne et celle à la troisième personne, les autres éléments dépendent de la décision initiale de la voix et sont souvent subordonnés à ce choix.

A la différence des deux premières interventions, celle de l'organisateur est invisible dans le texte. Pourtant, il n'en joue pas moins un rôle crucial dans l'esthétique du roman. Car comme Altman l'a souligné, il est souvent plus présent dans le texte que l'éditeur visible :

> The epistolary novelist who effaces himself from the title page thus reappears in the text; but his most compelling voice is not the one that speaks to us in editorial prefaces and footnotes. The creator of the epistolary novel who disclaims his authorship reclaims it elsewhere - in the very joint work that structures the epistolary mosaic as art.[27]

Le rôle de l'organisateur a donc une importance spéciale dans le roman épistolaire à cause du caractère discontinu des lettres. Aussi est-il nécessaire de regarder de près la mise en ordre des lettres dans La Nouvelle Héloïse et Les Liaisons, tous deux étant des romans épistolaires du type polyphonique.

Nous éviterons la reprise systématique des effets généraux de l'organisation, traités ailleurs.[28] Nous insisterons plutôt sur la manière dont cette technique s'incorpore dans la structure générale de l'oeuvre. Les Liaisons et La Nouvelle Héloïse sont des textes particulièrement prometteurs pour cette sorte d'analyse: car dans ces deux oeuvres, l'organisation n'est pas seulement une technique génératrice d'effets dramatiques; elle sert une mise en abîme de la vision du monde qui domine l'univers romanesque de chaque oeuvre.

Il reste maintenant à examiner la part de l'intituleur dans l'expérience subjective du texte chez le lecteur. Nous l'avons vu, le travail de l'intituleur présuppose la publication: le titre, le sous-titre, les en-têtes et toutes les indications des détails qui remplissent l'espace vide entre les lettres individuelles sont des indices de la transformation que subit le "manuscrit" dans le processus de la publication. Comme nous avons déjà examiné la portée esthétique du titre aussi bien dans le roman à éditer en général que dans Les Liaisons et La Nouvelle Héloïse, nous nous concentrons surtout ici sur les intertitres. Contrairement à Genette qui ne considère pas comme intertitres les désignations du destinateur et du destinataire et les diverses indications qui accompagnent la lettre,[29] nous incorporons les en-têtes du roman épistolaire sous la rubrique des intertitres.[30] La modalité de l'intituleur de La Nouvelle Héloïse constatera notre supposition initiale: que ces indications ne sont pas automatiques; et que même une indication en apparence tout à fait indifférente comme la signature peut devenir porteuse de significations sous une plume aussi habile que celle de Rousseau.

2. LA PRESENCE INSOLITE: L'INTERVENTION DIRECTE DE L'EDITEUR DANS LA RELIGIEUSE

Dans La Religieuse, l'intervention unique de l'éditeur dans le "corps" du roman se fait très tard, à savoir quand la rédaction devient fragmentaire. Il est introduit sans aucune préparation ni explication de ce que pourrait être ce personnage:

> Ici, les mémoires de la soeur Suzanne sont interrompus: ce qui suit ne sont plus que les réclames de ce qu'elle se promettait apparemment d'employer dans le reste de son récit. Il paraît que sa supérieure devint folle, et que c'est à son état malheureux qu'il faut rapporter les fragments que je vais transcrire.[1]

Le "je" doit renvoyer à l'éditeur parce que ce personnage anonyme joue le rôle du copiste et celui de l'organisateur en "transcrivant" et mettant en ordre "les réclames". D'ailleurs que pourrait être un personnage qui n'a ni nom ni place dans le récit sinon un éditeur ou un auteur? Ce "je" ne peut être l'auteur puisque La Religieuse se présente comme un roman qui consiste en une lettre-mémoires, écrite par Suzanne elle-même. Toutefois, cet éditeur semble s'estomper vite. Car à la fin du roman, Suzanne reprend l'écriture de la lettre en s'adressant directement au Marquis de Croismare, son destinataire, au lieu de laisser la rédaction en "réclames": l'écriture fragmentaire ne recouvre qu'une petite partie de ce qui suit l'interruption de l'éditeur. La place qu'a l'éditeur dans La Religieuse est minime. Il n'est donc pas question ici du rôle conventionnel de l'éditeur: il n'augmente en aucun sens la crédibilité du manuscrit vis-à-vis de la réalité.

Si l'éditeur n'assume aucun rôle conventionnel quant au renforcement de la réalité, pourquoi Diderot l'a-t-il introduit? Cette question est étroitement liée au statut des "réclames" dans la structure globale du roman. Car ces "réclames" sont, comme le remarque Georges May, de nature ambiguë: elles sont soit produites par une négligence de la part de l'auteur, soit "un effet de l'art de l'écrivain".[2] Si ces "réclames" reflètent le caractère inachevé du roman, l'éditeur ne serait introduit que pour cacher cette "négligence". Par contre, si cette "négligence" est un effet voulu, le recours à l'éditeur sert à l'esthétique du roman. Pour May, ce problème est "insoluble" parce que c'est "l'indice de la nature même du roman tout entier".[3] Nous optons pourtant pour la deuxième possibilité parce qu'il est peu probable que Diderot soit si négligent qu'il sacrifie l'unité de l'ouvrage, surtout quand nous savons qu'il a plusieurs fois révisé ce roman: il est plus probable de penser que le manque d'unité dans le ton n'est pas un défaut provenant du caractère inachevé de l'oeuvre, mais qu'il sert à l'esthétique du roman dans l'ensemble. De ce point de vue, nous pouvons dire que l'intervention de l'éditeur est nécessitée par l'esthétique même du roman, car c'est exactement pour introduire ces fragments que Diderot a employé la fiction de l'éditeur. L'analyse des fragments le prouvera, mais il importe de se demander auparavant pourquoi la rédaction fragmentaire est si importante pour

Diderot.

Nous pourrions trouver la réponse dans la Préface-Annexe. Elle semble avoir comme rôle de détruire l'illusion que le roman a produite auparavant. Le lecteur, tout ému par la lecture des mémoires de Suzanne, se trouve tout à coup devant la réalité où Diderot lui découvre la supercherie et lui dit que ce qu'il a lu n'est qu'une pure fiction. Pourtant il se console de sa mystification en sachant que Diderot, l'auteur du roman, a été lui-même vaincu par l'illusion de la réalité au point de fondre en larmes en écrivant les mémoires de Suzanne:

> M. d'Alainville, [...] lui [Diderot] rendit visite et le trouva plongé dans la douleur et le visage inondé de larmes. -"Qu'avez-vous donc, lui dit M. d'Alainville? Comme vous voilà! -Ce que j'ai? lui répondit M. Diderot; je me désole d'un conte que je me fais [...]. [4]

Dans ce paragraphe, tout en détruisant l'illusion, Diderot fait la preuve que la fiction a sa vérité propre, et que cette vérité, à son tour, produit l'illusion et touche les lecteurs, même s'ils savent, cette fois, que c'est une fiction.

Ce qui produit l'illusion, c'est, selon Diderot, surtout "de petits faits vrais": Diderot le met en valeur quand il s'attarde longuement dans l'Eloge de Richardson à la force génératrice de l'illusion des détails:

> Sachez que c'est à multitude de petites choses que tient l'illusion: il y a bien de la difficulté à les imaginer: il y en a bien encore à les rendre. Le geste est quelquefois aussi sublime que le mot; et puis ce sont toutes ces vérités de détails qui préparent l'âme aux impressions fortes des grands événements.[5]

Il est donc naturel que Diderot, l'admirateur fervent de Richardson, excelle dans la description des détails: dans La Religieuses, les gestes, les indications scéniques, et la description de l'aspect physique des personnages abondent. Pourtant, ce qui donne de la vigueur au roman de Diderot, ce sont surtout son caractère pathétique et l'imminence du danger: la description sans scrupule des scènes dramatiques et l'évocation réitérée du danger font plus que simplement donner l'illusion. Elles laissent le lecteur pressé de suivre l'histoire émouvante de Suzanne. En d'autres termes, c'est dans le pathétique et l'effet de l'immédiat que réside la force émotive de l'oeuvre.

D'ailleurs, Diderot semble être convaincu de la puissance du pathétique quand il admire les sènes touchantes de Clarissa:

> Vous ne connaissez pas Lovelace; vous ne connaissez pas Clémentine; vous ne connaissez pas l'infortunée Clarisse; vous ne connaissez pas miss Howe, sa chère et tendre miss Howe, puisque vous ne l'avez point vue échevelée et étendue sur le cercueil de son amie, se tordant les bras, levant ses yeux noyés de larmes vers le ciel, remplissant la demeure des Harlove de ses cris aigus, et chargeant d'imprécation toute cette famille cruelle;[6]

En effet, les scènes lugubres de la persécution de Suzanne au couvent de Longchamps dépassent même le pathétique de Clarissa et de Pamela, ainsi montrant l'influence profonde de Richardson sur Diderot.

Il semble aussi que Diderot se rende compte de l'avantage de l'effet de l'immédiat quoiqu'il ne le dise pas explicitement. Car, comme nous l'avons vu, chez Richardson, grand avocat du "writing to the moment", l'immédiateté est l'avantage le plus important du roman épistolaire. Il est difficile de supposer que Diderot, qui est un admirateur avoué de Richardson ne soit pas d'accord avec lui à ce sujet. Peut-être, est-ce d'ailleurs sous l'influence de Richardson qu'il écrit les mémoires de Suzanne en forme de lettre. C'est surtout sur cet effet de l'immédiat que nous allons nous concentrer, car avec l'introduction de l'éditeur, la narration change pour ainsi dire d'une "narration ultérieure" qui définit le mode global de l'instance narrative de Suzanne en une "narration simultanée" selon la terminologie de Genette.[7]

Les mémoires de Suzanne sont si remplis des évocations des dangers immédiats dont elle est menacés que nous avons l'impression qu'il va arriver quelque chose à tout instant. Pourtant, ce n'est pas simplement parce que La Religieuse est un roman épistolaire que nous avons cette impression. D'ailleurs, ce roman n'est pas un roman épistolaire dans le sens étroit du mot si nous considérons ce dernier comme une forme du roman qui permet le moins de décalage entre l'erzählte Zeit et l'Erzählzeit, au moins jusque vers la fin: l'étendue temporelle de l'histoire de Suzanne complique les faits; son histoire se déroule dans un intervalle de plus de dix ans; de plus, ce n'est pas en pleine persécution que Suzanne écrit ses "mémoires". Le danger est toujours présent mais ce n'est pas celui qu'elle décrit, sauf à la fin du roman.

Aussi, du début jusqu'à l'épisode du couvent d'Arpajon, la part de l'immédiat est-elle réduite en des appels de Suzannenarratrice au marquis de Croismare. Par exemple, quand Suzanne raconte la visite de l'archidiacre au couvent de Longchamp, elle interrompt la narration pour se plaindre au marquis non pas de ses souffrances passées mais la précarité de sa situation actuelle:

> Cependant, Monsieur le marquis, ma situation présente est déplorable, la vie m'est à charge; je suis une femme, j'ai l'esprit faible comme celles de mon sexe; Dieu peut m'abandonner, je me sens ni la force ni le courage de supporter encore longtemps ce que j'ai supporté. M. le marquis, craignez qu'un fatal moment ne revienne; quand vous useriez vos yeux à pleurer sur ma destinée; quand vous seriez de remords, je ne sortirais pas pour cela de l'abîme où je serais tombée, il se fermerait à jamais sur une désespérée.... [8]

Cet appel fait partie de "l'art de toucher": comme Robert Kempf l'a remarqué, l'alternance du "pathétique des tableaux [...] avec le chantage au suicide" constitue la "rhétorique d'apitoiement" par laquelle Suzanne essaie de séduire le lecteur. [9] Or, vers la fin, la part de l'immédiat l'emporte sur le pathétique. Cette fois, il ne s'agit pourtant plus du chantage: le danger est mis en valeur par la rédaction simultanée. Voici la scène du fiacre où le nouveau directeur, devenu son séducteur, prend libertés à l'égard de Suzanne:

> C'est ici que je peindrai ma scène dans le fiacre. Quelle scène! Quel homme!
> Je crie; le cocher vient à mon secours. Rixe violente entre le cocher et le moine. [10]

La narration fragmentaire avec un rythme saccadé et au présent rend les événements du passé proche plus immédiats auprès du lecteur tandis que la description en détail de ceux du passé lointain rend présente au lecteur l'image de Suzanne innocente et injustement persécutée.

C'est dans ce cadre qu'il faut évaluer les fragments que l'éditeur introduit. Nous avons proposé plus haut l'idée que Diderot avait laissé ces fragments exprès dans un état "inachevé" pour produire l'effet voulu: il a voulu garder l'impression vive d'une action qui se passe rapidement et celle du danger immédiat. L'ère de la persécution étant passée et l'image de l'innocence persécutée gravée dans l'esprit du lecteur, ce qui importe maintenant est de rendre la situation actuelle de Suzanne plus dangereuse aux yeux du lecteur: en continuant la description de ses scènes, processus lent, Diderot ne pourrait pas obtenir l'effet de vitesse que donne une rédaction brève et entrecoupée.

Cependant la lettre perd tout à fait son naturel. Ces fragments n'ont pas de place dans une lettre. Or, l'explication de l'éditeur justifie ce changement de ton en donnant aux mémoires de Suzanne un statut inachevé: le lecteur a l'impression que Suzanne n'a pas eu le temps de finir la rédaction. L'introduction de l'éditeur fait donc d'une pierre deux coups. D'abord, au niveau narratif, elle explique la transition à "la narration simultanée", essentielle pour l'effet de l'immédiat. Ensuite, au niveau dramatique, elle rend la situation de l'héroïne plus dangereuse par un effet de "prolepses": au moment où le lecteur voit apparaître l'éditeur, il comprend qu'il est arrivé quelques accidents qui ont empêché Suzanne d'achever ses mémoires. Car la présence de l'éditeur annonce un changement dans la situation du narrateur.

En ce sens, cet éditeur ressemble à celui de <u>Werther</u>: tous les deux suppléent au narrateur (Suzanne et Werther) quand ce dernier est incapable de continuer. La mort de Werther nécessite la présence de l'éditeur. Pour Suzanne, qu'est-ce qui a causé cette interruption? L'arrestation ou la mort? Diderot laisse le lecteur en suspense, au moins jusqu'à la fin des mémoires. Pourtant, l'image des puits qui termine les mémoires de Suzanne est une menace d'autant plus forte pour le lecteur qu'elle est renforcée par l'intervention suggestive de l'éditeur.[11]

Comme nous l'avons vu, chez Diderot, l'authenticité n'équivaut pas à la vérité: dans la Préface-Annexe, Diderot dévoile le mensonge derrière la prétention à l'authenticité en mettant en cause la véracité du récit de Grimm. Cette attitude critique de Diderot à l'égard de la convention de l'éditeur est pleinement visible dans <u>Jacques le Fataliste</u> où il la parodie ouvertement. Pourtant, cela ne signifie pas que Diderot déprécie entièrement la fiction de l'éditeur. Car la parodie n'est pas nécessairement équivalente à la disqualification totale. D'ailleurs, Diderot se montre convaincu de la force génératrice de l'illusion qu'a la fiction de l'éditeur quand il s'illusionnne sur l'authenticité des lettres de <u>Clarissa</u> et de <u>Pamela</u>:

> Une idée qui m'est venue quelquefois en rêvant aux ouvrages de Richardson, c'est que j'avais acheté un vieux château; qu'en visitant un jour ses appartements, j'avais aperçu dans un angle une armoire qu'on n'avait pas ouverte depuis longtemps, et que, l'ayant enfoncée,

> j'y avais trouvé pêle-mêle les lettres de Clarisse et de Pamela. Après en avoir lu quelques-unes, avec quel empressement ne les aurais-je pas arrangées par ordre de dates! Quel chagrin n'aurais-je pas ressenti, s'il y avait eu quelque lacune entre elles! Croit-on que j'eusse souffert qu'une main téméraire (j'ai presque dit sacrilège) en eût supprimé une ligne?[12]

L'intervention de l'éditeur dans <u>La Religieuse</u> exploite donc la possibilité d'illusion qu'offre la fiction de l'éditeur. L'illusion ainsi créée n'est pourtant pas celle d'une fausse historicité: c'est une illusion qui vient de la vraisemblance immanente de la fiction. Diderot sait que la fiction n'est pas la réalité mais plutôt qu'elle la surpasse et la transcende, bref, qu'elle est "plus que réelle". La différence dans la modalité de l'éditeur qui distingue <u>La Religieuse</u> de Diderot des autres romans conventionnels vient donc de la différence fondamentale dans le concept de la fiction chez Diderot et chez d'autres romanciers de cette époque. Chez Diderot, cette technique obéit à l'esthétique intérieure de l'oeuvre tandis que chez les autres qui prétendent que leur roman est la transcription fidèle de la réalité, elle n'est souvent qu'un ornement pour camoufler et justifier la pauvreté de leur imagination.

3. ROUSSEAU OU LE NOUVEAU LECTEUR

i. ORGANISATEUR

La <u>Nouvelle Héloïse</u> est un roman où il y a relativement peu d'événements.[1] Aussi y trouve-t-on peu de situations dramatiques. Rousseau lui-même en est conscient quand, dans la préface dialoguée, il se fait attaquer par N pour le manque d'intérêt de son oeuvre:

> Quant à l'intérêt, il est pour tout le monde, il est nul. Pas une mauvaise action, pas un méchant homme qui fasse craindre pour les bons; des événements si naturels, si simples, qu'il le sont trop; rien d'inopiné, point de coup de théâtre. Tout est prévu longtemps d'avance, tout arrive comme il est prévu. Est-ce la peine de tenir registre de ce que chacun peut voir tous les jours dans sa maison ou dans celle de son voisin?[2]

Au lieu de répondre directement à cette question, Rousseau se contente de la résumer comme une accusation contre le manque des "événements rares" en disant: "c'est-à-dire qu'il vous faut des hommes communs et des événements rares".[3] Tournée de cette façon, la critique de N perd sa validité. Car le caractère naturel des événements n'est-il pas une preuve de la vraisemblance, l'idéal esthétique de tout romancier du XVIIIe siècle? [4] Pourtant, par cette réduction, Rousseau laisse échapper un aspect important de la critique de N, à savoir, la maladresse de l'organisateur. Car si nous examinons de près cette critique, nous constatons qu'elle ne se limite pas au niveau de l'histoire mais qu'elle s'étend jusqu'au niveau du récit. En d'autres termes, N met ici le doigt sur le problème de l'édition quand il déplore le manque d'événement "inopiné", et de "coup de théâtre": le "coup de théâtre" dépend moins de la nature même de l'événement que de la façon dont il est présenté; car un événement ne constitue pas en lui-même un coup de théâtre, mais il est rendu comme tel par la narration. Or, dans un roman épistolaire, la narration dépend en grande partie du travail de l'éditeur: si ce sont les épistoliers individuels qui décident du mode de narration de chaque lettre, c'est l'éditeur qui détermine le mode global de la narration par le choix des lettres et par l'arrangement particulier des lettres.[5]

Sous ce jour, la critique de N prépare celle des critiques contemporains comme Seylaz: toutes les deux mettent en relief la maladresse de l'auteur de La Nouvelle Héloïse dans le maniement de la forme épistolaire. Un des exemples de cette maladresse serait l'emploi des billets. Comme Seylaz l'a bien remarqué, Rousseau échoue quand il veut produire un effet dramatique par cet emploi. Deux fois, Rousseau y a recours.[6] Ce moyen échoue, prétend Seylaz, parce que "ces billets 'détonnent' et rompent le mouvement de la narration plus qu'ils ne renforcent la tension dramatique".[7]

L'analyse de Seylaz ne révèle pourtant qu'une partie du tableau. Car elle s'effectue en comparaison avec Les Liaisons dangereuses où l'habileté de l'éditeur se manifeste à l'extrême:

dans ce chef-d'oeuvre technique, les effets de groupement, d'encadrement, d'opposition, ou de juxtaposition sont exploités au maximum de sorte qu'aucune oeuvre épistolaire ne supporte la comparaison avec eux sans révéler quelque désavantage visible au moins sur le plan technique. Or, La Nouvelle Héloïse est une oeuvre essentiellement différente des Liaisons dans la mesure où sa valeur esthétique réside moins dans l'intelligence de la rédaction que dans la subtilité du sentiment. Quand Rousseau explique sa lecture de La Nouvelle Héloïse, il peint un tableau diamétralement opposé à celui des Liaisons. Selon Rousseau, la longueur est essentielle pour une oeuvre qui consiste en "lettres de deux amants" comme Julie et Saint-Preux parce que:

> Leurs lettres n'intéressent pas tout d'un coup; mais peu à peu elles attachent; on ne peut ni les prendre ni les quitter. La grâce et la facilité n'y sont pas, ni la raison, ni l'esprit, ni l'éloquence; le sentiment y est; il se communique au coeur par degré, et lui seul à la fin supplée à tout. C'est une longue romance, dont les couplets pris à part n'ont rien qui touche, mais dont la suite produit à la fin son effet.[8]

Nous trouvons ici une réponse à la critique déjà citée de N: "le coup de théâtre" serait superflu dans ce monde où le sentiment règne. Car l'intérêt de l'oeuvre ne réside pas dans le brillant de l'esprit ou du style mais dans le lent développement du sentiment qui, à la longue, gagne le lecteur.

La nature de l'histoire détermine donc le principe de l'organisation: si dans Les Liaisons "la géométrie sensible", mise en valeur par l'organisation intelligente de l'éditeur reflète la valeur dominante de l'univers romanesque de cette oeuvre, l'éditeur de La Nouvelle Héloïse rend hommage au sentiment prolixe des personnages en s'abstenant de faire de la correspondance autre chose que ce que les épistoliers individuels ont voulu en faire. En d'autres termes, si "on ne peut ne pas reconnaître en Laclos" dit Jean Rousset, "un Valmont de la composition, tacticien virtuose, maître d'un ouvrage où rien n'est laissé au hasard, auteur d'un livre rigoureusement construit à la façon d'une pièce de théâtre",[9] on ne peut non plus ne pas voir en Rousseau-éditeur un Saint-Preux: Saint-Preux est, comme personnage, le double de Rousseau non seulement parce que Rousseau le dit ouvertement mais aussi parce qu'il existe une affinité fondamentale dans leur traitement des lettres. Pour Saint-Preux, la lettre de Julie ne peut être différenciée de son amante dans la mesure où sa lettre fait corps avec sa personne:

> Mais comment ne te pas connaître en lisant tes lettres? Comment prêter un ton si touchant et des sentiments si tendres à une autre figure que la tienne? A chaque phrase ne voit-on pas le doux regard de tes yeux? A chaque mot n'entend-on pas ta voix charmante! Quelle autre que Julie a jamais aimé, pensé, agi, écrit comme elle![10]

Le langage de Julie tel que Saint-Preux l'envisage, est un exemple parfait de la première langue que conçoit Rousseau dans son Essai sur l'Origine des Langues. Selon Rousseau, la première langue est une langue où il est moins question de l'objet désigné que du sujet parlant. Jean Starobinski met en valeur cette expressivité de la première langue quand il compte la prédominance du "signifieur" parmi les traits les plus caractéristiques de la première langue:

> Tandis qu'elle désigne imparfaitement les qualités universalisables du signifié, elle renvoie très fidèlement au sujet parlant et à ses émotions. En instaurant le rapport d'une conscience singulière et d'un objet singulier, elle parle pauvrement de l'objet, mais elle exprime fortement la présence de l'individu. [11]

Cette langue est donc le portrait transparent du sujet parlant. Aussi se prête-t-elle à une communion immédiate: elle n'est pas un supplément trompeur de l'individu mais elle remplace la présence même du sujet parlant. Il est donc naturel que la lettre de Julie produise auprès de Saint-Preux le même effet que sa présence:

> Ne sois donc pas surprise si tes lettres, qui te peignent si bien, font quelquefois sur ton idolâtre amant le même effet que ta présence. En le relisant je perds la raison, ma tête s'égare dans un délire continuel, un feu dévorant me consume, mon sang s'allume et pétille, une fureur me fait tressaillir. [12]

Pour St. Preux, la lettre de Julie est comme "sacrée", "chaque mot", "chaque phrase" ayant une valeur substituée pour sa personne. Rousseau-éditeur a la même attitude quand il refuse de corriger les fautes de Saint-Preux:

> On me dira que c'est le devoir d'un éditeur de corriger les fautes de langue. Oui bien pour les éditeurs qui font cas de cette correction; oui bien pour les ouvrages dont on peut corriger le style sans le refondre et le gâter; oui bien quand on est assez sûr de sa plume pour ne pas substituer ses propres fautes à celles de l'auteur. Et avec tout cela, qu'aura-t-on gagné à faire parler un Suisse comme un académicien?[13]

Il est vrai que cette note renforce l'illusion de l'authenticité dans la mesure où les fautes de langue font preuve du fait que ces lettres sont vraiment écrites par un Suisse. Cette pratique fait partie de la convention du roman à éditeur. Mme de Graffigny par exemple, met en valeur son respect pour l'original en disant:

> On connaîtra facilement aux fautes de grammaire et aux négligences du stile, combien on a été scrupuleux de ne rien dérober à l'esprit d'ingénuité qui règne dans cet ouvrage.[14]

Il est également vrai que cette note est dictée en partie par la nécessité que sent Rousseau de prévenir les critiques tout en préservant l'harmonie du style. Car comme Bernard Guyon l'a remarqué,[15] chez Rousseau, la musique l'emporte sur toutes les autres considérations. L'exemple le plus frappant serait son refus de corriger les noms des libérateurs de la Suisse.[16] Dans sa lettre à Rey, son éditeur, Rousseau dit:

> il faut que ces noms barbares passent comme un trait, [...] la phrase est tellement cadencée que l'addition d'une seule sillabe en gâteroit toute l'harmonie.[17]

Il faut pourtant noter que ces deux considérations pratiques ne sont que des manifestations particulières d'une cause commune qui est à la base même de la conception de la langue de Rousseau. D'abord, en ce qui concerne l'authenticité, nous avons déjà vu qu'elle n'importe pas chez Rousseau: comme il vise une vérité de l'homme de la nature, la paternité littéraire n'a pas de prise sur lui, cette conception n'étant qu'une convention de l'homme de société. D'ailleurs, la considération sur la musique montrera que Rousseau prétend donner un statut de la nature à son oeuvre non seulement sur le plan du contenu (c'est-à-dire, la vérité que l'oeuvre communique au lecteur) mais aussi sur le plan formel.

Il ne fait pas de doute que Rousseau préfère la musique à toute autre forme de l'art. Ceci tient, bien sûr, à certaines circonstances autobiographiques. Mais nous nous concentrons sur ses théories lingustiques pour montrer que son insistance sur l'harmonie comme principe de rédaction vient moins d'une préoccupation stylistique que de la nature même du langage qu'il se propose comme moyen de l'expression du moi. Car si Rousseau accorde une importance primordiale à la musicalité, c'est moins par souci esthétique que parce qu'il voit en elle un moyen d'atteindre à l'immédiateté de la première langue. Rousseau voit dans la présence ou l'absence de musique dans la langue le signe formel qui distingue la langue civilisée de la première langue. Selon lui, à l'origine, "les voix, les sons, l'accent, et le nombre qui sont de la nature, laissant peu de chose à faire aux articulations, qui sont de convention, l'on chanterait au lieu de parler".[18] La langue actuelle a perdu cette musicalité parce que,

> [à] mesure que les besoins croissent, que les affaires s'embrouillent, que les lumières s'étendent, le langage change de caractère; il devient plus juste et moins passionné; il substitue aux sentimens les idées; il ne parle plus au coeur, mais à la raison. Par-là même l'accent s'éteint, l'articulation s'étend; la langue devient plus exacte, plus claire, mais plus trainante, plus sourde, et plus froide.[19]

Retrouver la musicalité de la langue, c'est donc restaurer l'immédiateté de la première langue. En ce sens, le rétablissement de la musicalité est la condition nécessaire pour la vérité dont Rousseau se fait le prophète: ce n'est qu'avec une "langue naturelle" que la vérité de l'homme de la nature s'exprime pleinement. Car comment la vérité authentique se fait-elle entendre par un moyen corrompu sans subir l'influence néfaste de ce moyen? D'ailleurs, Rousseau met en valeur cette exigence de la vérité quand il déclare dans la préface dialoguée: "ce ne sont plus des lettres que l'on écrit, mais ce sont des hymnes". En devenant des chants, les "lettres de deux amants" deviennent les véritables porteuses de la vérité dans la mesure où ce mode d'expression permet aux épistoliers individuels de communiquer leur vérité sans distortion. Désormais, l'homme de la nature parle (ou plutôt chante) sa vérité dans le langage même de la nature.

Il n'est donc pas question pour Rousseau dans sa fonction d'éditeur de corriger les lettres: ce serait faire dégénerer la langue de la nature en une convention dépourvue de vérité personnelle. D'ailleurs, quelle valeur a la grammaire, produit artificiel de la langue civilisée et institution corrompue de l'homme de société, auprès de l'expression spontanée de la première langue?

De ce point de vue, la note que Rousseau ajoute à la lettre de Julie (V, 13) est révélatrice:

> Pourquoi l'éditeur laisse-il les continuelles répétitions dont cette lettre est pleine, ainsi que beaucoup d'autres? par une raison fort simple: c'est qu'il ne se soucie pas du tout que ces lettres plaisent à ceux qui feront cette question.

Selon Robert Ellrich, ce démenti méprisant de l'art de plaire révèle la révolte d'un auteur contre la pratique littéraire dominante de l'époque:

> He claims not to care whether the letters "please" the reader. The term and notion, essential to neo-classic esthetics and literary doctrine, infuriated Rousseau, who saw in this role of the writer as one who "pleases" the reader one more manifestation of social corruption, through which the writer, by rights a truth teller, is made the pimp of the moneyed and powerful.[20]

Pourtant, s'il est vrai que le refus de se conformer à la convention de la société corrompue caractérise la vie de Rousseau, la révolte de Rousseau a ici une source plus profonde: les lettres du "monde enchanté" étant des "hymnes" où il y a une correspondance parfaite entre la parole et le sujet parlant, elles nécessitent une esthétique différente de celle qui existe dans la société. Car comment juger le langage corrompu et le langage naturel selon les mêmes critères?

Toutefois, cela ne signifie pas que l'éditeur de <u>La Nouvelle Héloïse</u> renonce totalement à son rôle de médiateur. En effet, nous trouvons plusieurs interventions de l'organisateur dans ce "recueil". L'intervention la plus apparente se trouve dans la lettre 3 de la cinquième partie. Cette lettre serait plus le produit de l'éditeur que de Saint-Preux, le destinateur de la lettre, dans la mesure où elle a subi une transformation majeure par la main de l'éditeur:

> Deux lettres écrites en différents temps roulaient sur le sujet de celle-ci, ce qui occasionnait bien des répétitions inutiles. Pour les retrancher, j'ai réuni ces deux lettres en une seule.[21]

Pourquoi Rousseau considère-t-il ici la répétition comme "inutile", tandis que dans la note citée plus haut il la voit comme essentielle? C'est que le sujet des deux lettres est d'un ordre différent: si la lettre de Julie est un "hymne" où le sentiment l'emporte, ici, il est surtout question de la raison. En d'autres termes, la lettre de Saint-Preux sur la pédagogie appartient à une langue civilisée parce qu'enfin, il faut parler "à la raison" quand on parle du sujet extérieur à soi-même.[22] Il est donc naturel que l'organisation de Rousseau reflète cette différence: dans un écrit où la fonction instrumentale de la langue l'emporte sur sa fonction lyrique, la correction se fait sans être nécessairement accompagnée de la déformation.

En effet, l'intervention de l'éditeur dans la lettre de Saint-Preux ne se fait pas aux dépens du personnage. Loin de là, elle renforce sa vérité non seulement par le retranchement des "répétitions inutiles" mais aussi en y ajoutant de la force persuasive. Car "la tranquillité de la mère, le parfait bonheur du foyer [montrés au début de la lettre], dit Bernard Guyon, nous plonge[nt] dans une espèce d''Etat de grâce', et nous rend[ent] particulièrement aptes à comprendre les principes pédagogiques de Mme de Wolmar".[23] De plus, cette intervention ne transforme nullement la lettre de Saint-Preux en un roman: du point de vue de la convention, la fusion est une maladresse flagrante en ce sens que la lettre ainsi fusionnée devient si invraisemblablement longue qu'il serait difficile de la prendre pour une lettre authentique.

La lettre de Saint-Preux montre que "le monde enchanté" de La Nouvelle Héloïse ne peut se passer de la langue civilisée. Pourtant, chez Saint-Preux, le langage ne dégénère pas pour autant en un "langage trompeur". De même, l'organisation de La Nouvelle Héloïse ne transforme pas l'expression spontanée des personnages en une oeuvre littéraire. Elle sert uniquement à mettre au clair leur vérité, et cela, au risque de pécher envers la convention romanesque de l'époque. En d'autres termes, si le langage du "monde enchanté" représente un équilibre entre "le cri de la nature" et "le discours abusif" de la langue civilisée,[24] l'organisation de Rousseau est un juste milieu entre le désordre des lettres éparpillées et le roman, le moyen factice de plaire.

Sous ce jour, le refus catégorique de Rousseau de plaire au lecteur n'est pas une simple négation de l'esthétique dominante de l'époque, mais plutôt une revendication du droit de l'auteur d'initier une littérature dégagée de la corruption que subit le langage civilisé. Car n'est-ce pas la préoccupation de plaire, et de briller aux dépens de la vérité, qui sont les causes de toutes les dépravations du langage qu'on voit dans la société actuelle?

ii. INTITULEUR

Nous avons vu dans la première partie que le titre ou plutôt le sous-titre de La Nouvelle Héloïse a une qualité interprétative dans la lecture du roman. La critique moderne attire d'ailleurs l'attention sur l'association du nom des deux héroïnes, à savoir, Julie et Héloïse, pour expliquer divers aspects du roman:[25] elle n'a pas, à notre connaissance, dégagé toute la signification du mode d'intitulation de La Nouvelle Héloïse, et en particulier la signification des intertitres. Il est vrai que dans La Nouvelle Héloïse, l'usage des intertitres est réduit au minimum: pas d'indication de date ou de lieu, pas de résumé des lettres comme dans La Paysanne pervertie, examiné ailleurs dans la première partie. Tout ce que Rousseau donne comme intertitre, c'est la désignation du destinateur et du destinataire. Pourtant, la manière dont Rousseau en fait une technique d'illusion prouvera qu'aucun élément de la fiction n'est automatique au point d'échapper totalement à la question de la textualité.

La première chose qui nous frappe dans les en-têtes de La Nouvelle Héloïse, c'est l'absence totale du nom de l'amant. Dans toutes les lettres où Saint-Preux occupe un bout du fil communicateur, le nom de l'amant est absent dans l'en-tête: sa correspondance avec Julie est désignée seulement par le nom de Julie ("A Julie" ou "De Julie"); ses lettres à Edouard, celles à Claire, à Wolmar et même au baron et à la baronne d'Etange ont également comme seul en-tête, le nom du destinataire: inversement, leur réponse ne comporte que celui du destinateur, tandis que la correspondance entre les autres personnages comporte tous les deux.

Cet effacement est dû en partie à la genèse du roman: s'identifiant avec Saint-Preux, Rousseau n'a pas besoin de mettre son nom dans l'en-tête, et cela, pour une raison évidente: quand on met de l'ordre dans sa propre correspondance, le nom de l'autre partie suffit, son nom étant quelque chose qui va de soi. Pourtant, <u>La Nouvelle Héloïse</u> n'est pas un "recueil" privé destiné au seul auteur. D'ailleurs, l'examen du manuscrit montre qu'en préparant le manuscrit pour la publication, Rousseau remanie non seulement les lettres, mais aussi les en-têtes. Il est donc à présumer que la décision de ne pas mettre le nom de l'amant dans l'en-tête est intentionnelle. En effet, ce mode d'intitulation opère comme une technique de l'illusion en ce sens qu'il met en relief "l'histoire du roman": comme l'effacement du nom de Saint-Preux ne peut être expliqué qu'en supposant que c'est lui qui édite les lettres, Saint-Preux émerge comme une figure centrale de "l'histoire du roman" en devenant un personnage-éditeur.

La possibilité que Saint-Preux assume le rôle de l'éditeur du "recueil" est signalée dans la seconde partie. Dans la lettre 13, Saint-Preux communique sa décision de faire un "recueil" des lettres de Julie:

> En méditant en route sur ta dernière lettre, j'ai résolu de rassembler en un recueil toutes celles que tu m'as écrites, [...] Mais insensiblement le papier s'use, et

> avant qu'elles soient déchirées, je veux les copier
> toutes dans un livre blanc que je viens de choisir
> exprès pour cela.

Ce projet est aussitôt mis en pratique et nous constatons l'existence du "recueil" dans la lettre 16:

> Malgré ma lenteur, malgré mes distraction inévitables,
> mon recueil était fini quand ta lettre est arrivée
> heureusement pour le prolonger;

La présence du recueil à l'intérieur du récit crée chez le lecteur l'impression de voir naître l'oeuvre sous ses yeux. Cette impression pourtant, est trompeuse: le recueil de Saint-Preux n'est que partiel, contenant seulement les lettres de Julie qui lui sont destinées. D'ailleurs, dans la cinquième partie, nous voyons que Wolmar aussi possède un "recueil" des lettres. Ce qui permet au lecteur de considérer Wolmar comme l'éditeur au même titre que Saint-Preux.

L'en-tête supplée donc au texte en fournissant une preuve définitive de l'identité du personnage-éditeur. Cette mise en évidence est importante pour l'illusion de l'authenticité parce que la présence du personnage-éditeur brouille la distinction entre le monde romanesque et la réalité: comme Saint-Preux habite non seulement le monde enchanté de Clarens, mais aussi la société réelle où il édite les lettres pour en faire un livre, le lecteur a l'impression qu'il n'y a que le décalage du temps qui le sépare de la société de Clarens. En ce sens, l'en-tête de <u>La Nouvelle Héloïse</u> assume une fonction semblable à la note des <u>Liaisons</u> où le rédacteur explique la genèse du livre, sauf le fait qu'ici la fiction de "l'histoire du roman" est "racontée" non verbalement et dans l'espace le moins sujet à la suspicion.

Le changement du nom de Julie dans l'en-tête est aussi significatif. Dans le brouillon, les lettres de Julie sont toujours désignées par son prénom. Dans les manuscrits ultérieurs, Rousseau le change en Mme de Wolmar à partir de la quatrième partie.[26] Ce qui nous fait présumer que pour Rousseau, le nom de son héroïne est un élément porteur de signification. Or ce changement n'est pas une conséquence directe du changement de l'état civil de Julie en ce sens que ce n'est pas juste après le mariage que Rousseau change l'en-tête: les lettres 18 et 20 de la troisième partie, qui sont écrites après le mariage, sont toujours désignées par le nom de Julie. Ce changement ne correspond pas non plus à la façon dont Julie signe ses lettres. Car, comme nous le voyons dans son post-scriptum à l'invitation de Wolmar (IV,4), même après son mariage, Julie signe seulement par son prénom.

Il faut donc considérer ce changement comme une décision intentionnelle de l'auteur. En ce sens, la place où le nom de "Mme de Wolmar" apparaît pour la première fois est significative. Car pourquoi changer le nom non pas au moment du mariage mais seulement six ans plus tard? Cette décision est attribuable à la structure binaire de La Nouvelle Héloïse. Rousseau a insisté à plusieurs reprises sur la différence radicale entre les trois premières parties et les trois dernières parties. Pour le lecteur réel, cette différence est d'abord sentie par le changement de l'en-tête. En ce sens, nous pouvons dire qu'en intitulant la première lettre de la quatrième partie au nom de Mme de Wolmar, Rousseau veut accentuer non seulement la rupture de l'identité de Julie mais celle entre les deux parties du roman. D'ailleurs, l'examen de la signification du nom dans le monde romanesque de <u>La Nouvelle Héloïse</u> fera ressortir pleinement la valeur symbolique de ce changement de nom.

La critique a porté attention à la qualité symbolique du nom des personnages de <u>La Nouvelle Héloïse</u>.[27] Pourtant, elle ne se place guère au point de vue des personnages pour expliquer la signification personnelle du nom pour les habitants de Clarens. En effet, <u>La Nouvelle Héloïse</u> peut être envisagée comme un roman de la quête du nom: d'abord, Saint-Preux reste anonyme jusqu'à la quatrième partie; en outre, son nom tardivement révélé n'est qu'un pseudonyme: "Wolmar" est aussi un nom emprunté parce qu'il a changé de nom en quittant la Pologne; d'ailleurs, son vrai nom n'est jamais révélé: on ne connaît non plus le nom de jeune fille de Claire. Le nom qui prête le plus à la discussion, pourtant, est celui de Julie. Il est vrai qu'à la différence des personnages mentionnés ci-dessus, elle a un nom bien précis. Pour elle, il n'est donc pas question d'anonymat. Plutôt, c'est la fluctuation entre son prénom et son nom de femme mariée dont il s'agit ici.

A partir de la quatrième partie, Julie et Mme de Wolmar semblent être deux individus différents. Cette différence est constamment mise en valeur par les divers personnages du roman.

Il est vrai que déjà, dans la troisième partie, Julie met en avant cette dichotomie en disant: "Julie de Wolmar n'est plus votre ancienne Julie".[28] Pourtant, ce n'est qu'après la réunion des deux amants que le changement d'état civil devient une réalité vécue. Ainsi, dans l'Elysée, l'amant commence-t-il à prendre conscience des deux identités différentes de Julie:

> J'ai cru voir l'image de la vertu où je cherchais celle du plaisir; cette image s'est confondue dans mon esprit avec les traits de Mme de Wolmar; et, pour la première fois depuis mon séjour, j'ai vu Julie en son absence, non telle qu'elle fut pour moi et que j'aime encore à me la représenter, mais telle qu'elle se montre à mes yeux tous les jours.[29]

Julie est donc un être du passé tandis que Mme de Wolmar représente son incarnation du présent. L'éclaircissement de Wolmar complète cette métamorphose en fournissant une explication théorique à ce phénomène:

> ce n'est pas de Julie de Wolmar qu'il est amoureux, c'est de Julie d'Etange; il ne me hait point comme le possesseur de la personne qu'il aime, mais comme le ravisseur de celle qu'il a aimée. La femme d'un autre n'est point sa maîtresse; la mère de deux enfants n'est plus son ancienne écolière.[30]

Saint-Preux accepte cette dichotomie mais non pas le symbole: chez Wolmar, "Julie d'Etange" représente l'amante tandis que "Julie de Wolmar" est la femme d'un autre; chez Saint-Preux, l'opposition est plutôt entre le prénom et le nom: c'est "Julie" qui incarne son amante tandis que "Mme de Wolmar" symbolise la matrone de Clarens. Cette distinction est manifeste dans la phrase suivante: "quand cette redoutable Julie me poursuit, je me réfugie auprès de Mme de Wolmar, et je suis tranquille".[31]

Cette modification semble inévitable vu que le nom de famille représente toujours l'ordre social, l'ennemi redoutable de l'amour des deux amants. C'est d'ailleurs pour accentuer la distance sociale entre elle et Saint-Preux que Julie signe son nom de famille quand elle redemande sa liberté dans le billet inclu dans la lettre du baron d'Etange (III, 10). Claire, à son tour, signe sa lettre à Saint-Preux, en mettant "Claire d'Orbe", comme pour se mettre en garde contre son amour pour lui (V, 10).

C'est dans ce cadre-là qu'il faut envisager le changement du nom de Julie dans l'en-tête. En corrigeant le nom de Julie, Rousseau veut donc prévenir le lecteur non seulement du changement qui s'est produit dans le personnage de Julie, mais aussi le caractère essentiellement social de l'histoire qui suit. De ce point de vue, l'en-tête a une fonction de prolepse: elle annonce le cours que prend l'histoire dans les trois dernières parties. Désormais, l'ordre social n'est plus une simple menace. Il fait partie intégrale de la vie des personnages. De fait, l'histoire suivante n'est pas autre chose que l'apprentissage de la réintégration des deux amants dans l'ordre social actuel.

Cet apprentissage semble réussir, car le temps semble définitivement gagné sur le sentiment des deux amants. François Van Laere remarque dans La Nouvelle Héloïse une tendance à la répétition: le baiser dans le bosquet, le pèlerinage à Meillerie, la chambre d'hôtel où Saint-Preux loge deux fois à dix ans d'intervalle.[32] Pourtant, à la différence de la pratique générale de la répétition où "un acte, un événement qui se répètent semblent miraculeusement investis du pouvoir de révoquer ou abolir le temps",[33] chez Rousseau, la répétition accompagne une conscience aiguë du changement. Cette conscience prend une netteté redoutable dans l'esprit de Saint-Preux revenant de Meillerie:

> C'en est fait, disais-je en moi-même; ces temps, ces temps heureux ne sont plus; ils ont disparu pour jamais. [...] Mais se trouver auprès d'elle, mais la voir, la toucher, lui parler, l'aimer, l'adorer, et, presque en la possédant encore, la sentir perdue à jamais pour moi, [...].[34]

Pourtant cette prise de conscience n'est qu'une illusion, ainsi que l'entreprise de socialiser l'amour des deux amants en le transformant en amitié. Déjà dans le bateau revenant de Meillerie, un moment après que Saint-Preux a senti un changement irrévocable dans son rapport avec Julie, il constate qu'il n'y a rien de changé dans leur coeur: "Ah! lui dis-je tout bas, je vois que nos coeurs n'ont jamais cessé de s'entendre".[35] La preuve définitive de la permanence de leur amour se trouve dans la lettre posthume de Julie. Dans cette lettre, Julie révèle un amour éternel qui triomphe non seulement de l'ordre social mais aussi de la force du temps. De ce point de vue, l'en-tête qui précède cette lettre est révélateur: après avoir employé "Madame de Wolmar" dans les en-têtes des trois dernières parties, Rousseau restaure ici le nom de "Julie".[36]

A ce stade critique dans la vie de Julie, cette restauration du prénom a une double signification. D'un côté, c'est un avertissement au lecteur dans la mesure où même avant de lire la lettre, le lecteur, prévenu par ce changement de nom, comprend l'aboutissement final de l'histoire du coeur de Julie. Ce changement joue donc un rôle semblable à celui de la première lettre de la quatrième partie en ce sens que tous les deux fonctionnent comme une prolepse. D'un autre côté, c'est un commentaire de l'éditeur sur la façon dont le "recueil" doit être lu: le nom de "Julie" représentant l'amante éternelle, l'éditeur, en le rétablissant dans l'en-tête, se prononce sur la signification finale du "recueil". En d'autres termes, l'éditeur qui se garde de commenter sur la dernière lettre de Julie, déclare son approbation dans le titre même de la lettre, cristallisant ainsi l'image de "l'éternelle Julie" auprès du lecteur.

iii. LES NOTES

Les notes de Rousseau sont un phénomème curieux dans la convention de l'annotation. La manière dont il utilise les notes atteint une telle complexité que François Van Laere affirme qu'elles sont "parfois plus captivantes que les pages qui les suscitent".[37] En effet, outre qu'elles jouent les rôles "normaux" des notes (références, développement du sujet, etc.), elles se prêtent aux besoins les plus divers de communication. Ainsi, dans la <u>Lettre à d'Alembert sur les Spectacles</u>, Rousseau en fait le lieu de l'accusation personnelle de Diderot pour sa trahison (la préface), dans les <u>Confessions</u>, il intervient pour se condamner de sa propre stupidité [38] et dans le <u>Discours sur l'Origine de l'Inégalité</u>, les notes constituent presque un tiers du texte.

Dans <u>La Nouvelle Héloïse</u>, l'annotation est d'autant plus intéressante que Rousseau y prétend que le texte auquel renvoient les notes appartient aux autres, à savoir, aux personnages ou à un auteur fictif. Le propre de la fiction de l'éditeur reposant sur cette fausse distinction entre l'auteur et l'éditeur, nous n'avons guère besoin d'insister sur la fictivité de cette prétention. Pourtant le caractère "pseudo-éditorial" [39] de ces notes a des conséquences cruciales dans la manière dont l'auteur utilise les notes ainsi que dans la perception qu'a le lecteur de ces notes.

La conséquence la plus importante est la distanciation de l'éditeur à l'égard du texte qu'il édite. Cette distance permet à l'auteur d'exploiter la technique de l'annotation pour une multiplicité de buts. D'abord, c'est un "art de se tirer d'embarras" [40] devant les difficultés de la rédaction:

> on voit ici qu'il manque plusieurs lettres intermédiaires, ainsi qu'en beaucoup d'autres endroits. Le lecteur dira qu'on se tire fort commodément d'affaire avec de pareilles omissions, et je suis tout à fait de son avis.[41]

De cette manière, Rousseau fait des lacunes fréquentes dans l'histoire une preuve de l'authenticité de la correspondance. Il en va de même pour l'invraisemblance, les fautes de détails, et les fautes de langue. Par exemple, Rousseau rectifie l'erreur de

Claire au sujet du vrai nom de Wolmar:

> Mme d'Orbe ignorait apparemment que les deux premiers noms sont en effet des titres distingués, mais qu'un Boyard n'est qu'un simple gentilhomme.[42]

Ici, Rousseau répare ses erreurs "en feignant de les mettre au compte de ses héros et obtient ainsi un surcroît de vraisemblance", comme le remarque Bernard Guyon.[43] Cet "art de se tirer d'embarras" fait donc d'une pierre deux coups: tout en prévenant la critique d'invraisemblance et de fautes, il renforce l'illusion de l'authenticité.

Pourtant, ce qui caractérise le plus les notes de La Nouvelle Héloïse est le fait que la distance ainsi mise en valeur permet à l'auteur de faire de l'éditeur un personnage-juge. En effet, dans cette oeuvre, l'éditeur participe activement à la discussion morale des personnages en dénonçant le mensonge, en critiquant l'hyperbole, en approuvant ou désapprouvant le jugement, en tempérant le jugement trop simpliste, et en accusant la contradiction [44]:

> Il a dit précisément le contraire quelques pages auparavant. Le pauvre philosophe, entre deux jolies femmes, me paraît dans un plaisant embarras: on dirait qu'il veut n'aimer ni l'une ni l'autre, afin de les aimer toutes les deux.[45]

La distanciation de l'éditeur prend une forme de dédoublement quand l'éditeur, non content de son rôle de juge, s'adresse directement au personnage de façon familière:

> Parlons pour nous, mon cher philosophe: pourquoi
> d'autres ne seraient-ils pas plus heureux? Il n'y a
> qu'une coquette qui promette à tout le monde ce qu'elle
> ne doit tenir qu'à un seul.[46]

Chez Rousseau, cette distanciation n'est pourtant pas entièrement feinte en ce sens qu'elle est en partie dûe au changement qui s'est produit chez l'auteur au cours de la rédaction. Selon Bernard Guyon, la plupart des notes sont insérées tardivement, à savoir, vers 1760, tandis que la partie essentielle du texte est rédigée avant 1758.[47] Dans l'intervalle, "la douloureuse déception causée à Rousseau en 1758 par Mme d'Houdetot" [48] laisse une empreinte si profonde dans la vision du monde de Rousseau que les notes reflètent souvent, maintient Bernard Guyon, "ce durcissement qui se produit chez Rousseau vers 1760".[49]

C'est donc en partie à cette circonstance bizarre de la genèse qu'on peut attribuer les jeux vertigineux d'identité et d'altérité que nous constatons entre l'éditeur et les personnages qui entrent en concurrence pour la signification finale de l'oeuvre. Devant cette complexité du jeu, le lecteur ahuri demande, à la manière de Bernard Guyon: "où est le vrai Rousseau?"[50]

Ce qui nous intéresse ici, c'est pourtant moins de trouver "le vrai Rousseau" que de comprendre le mécanisme par lequel le dédoublement de l'auteur influe sur la lecture parce que notre objectif principal dans l'étude de l'éditeur est de déterminer la valeur esthétique de l'éditeur dans la structure de signification de l'oeuvre. Il nous importe donc moins de constater, comme le fait Lecercle, que "son ironie, ses sarcasmes sont destinés à lui-même",[51] que d'examiner quel est le rôle de cet autocritique dans la lecture préconisée par l'auteur.

Les notes de La Nouvelle Héloïse se prêtent merveilleusement à cette sorte d'analyse. Car d'abord, chez Rousseau, la préoccupation de la lecture est particulièrement visible dans les notes. Selon Robert Ellrich, les notes de Rousseau sont essentiellement nécessitées par son souci de la "bonne" lecture: "the notes are", dit Ellrich, "inspired by the writer's awareness of his reader and of the problems involved in his relationship with his reader (who can so easily misunderstand)".[52] Ensuite, dans La Nouvelle Héloïse, il existe une quantité énorme de notes (164 en total). Finalement, le problème de la lecture est mis en avant dans une perspective double. D'un côté, l'éditeur s'adresse directement au lecteur en prévoyant ses objections, en répondant à ses questions (potentielles) et quelquefois en s'alignant avec lui. De ce point de vue, l'éditeur est le destinateur de l'oeuvre parce qu'enfin, l'éditeur remplace l'auteur dans son effort de fournir au lecteur une directive de lecture. En revanche, dans son dialogue avec les personnages, l'éditeur personnifie en lui-même le lecteur réel en ce sens que c'est en tant que lecteur que l'éditeur pose des questions, juge et ridiculise les personnages.

Quel est le rôle de ces deux sortes de lecteurs (l'éditeur et le lecteur hypothétique qui est le destinataire de l'éditeur) dans la lecture? ou plutôt, quel effet Rousseau veut-t-il produire sur le lecteur réel par ce triple entretien? Ce sera la question principale à laquelle nous tâcherons ici de répondre. Pour cela, il faut examiner non seulement le rapport entre les personnages et l'éditeur mais aussi celui entre l'éditeur et le lecteur hypothétique. Car comme nous l'avons vu, la lecture est largement influencée par ces rapports: les différents rapports que l'éditeur entretient en seraient des indices d'autant plus significatifs qu'ils mettent en valeur le type de communication que Rousseau initie avec le lecteur.

Dans <u>La Nouvelle Héloïse</u>, le rapport entre les personnages et l'éditeur est essentiellement condescendant. Ici, les adjectifs qui qualifient les personnages sont révélateurs: Saint-Preux est appelé par le nom du "bon Suisse", "malheureux jeune homme" et "mon cher philosophe", etc.; Julie est toujours "douce" et "charmante"; Claire, elle-même est essentiellement "bonne" quoique quelquefois elle soit accusée d'indiscrétion; Wolmar est "sage" tandis que l'éditeur qualifie Edouard de "bon" plutôt que "sage". Il est vrai que dans ces apostrophes, ces adjectifs sont quelquefois employés ironiquement. Pourtant, cette ironie ne se développe jamais en une vraie accusation : si l'éditeur ridiculise les personnages à cause de leur faiblesse ou de leur aveuglement, son ironie ne se porte jamais sur leur personnalité.

Il en va de même pour ses critiques. Comme nous l'avons vu plus haut, l'éditeur est un juge sévère des personnages: si quelquefois il les appuie, le plus souvent, il les critique et les ridiculise. Pourtant, ces critiques ne sont pas de vraies condamnations en ce sens qu'elles ne mettent jamais en doute la vertu fondamentale des personnages. D'ailleurs, l'éditeur prend soin de signaler la bénignité de ses critiques à l'intérieur même des notes. Ces signes apparaissent sous trois formes différentes. D'abord, c'est par l'adjectif: comme nous l'avons vu, même dans la critique la plus sévère, la présence d'un adjectif positif montre l'attitude condescendante de l'éditeur vis-à-vis des personnages et ainsi en atténue la gravité. Ensuite, la critique de l'éditeur est souvent accompagnée de sa propre excuse. Ainsi au milieu de l'accusation, l'éditeur trouve-t-il une circonstance atténuante:

> Malheureux jeune homme, qui ne voit pas qu'en se laissant payer en reconnaissance ce qu'il refuse de recevoir en argent, il viole des droits plus sacrés encore! Au lieu d'instruire, il corrompt; au lieu de nourrir, il empoisonne; il se fait remercier par une mère abusée d'avoir perdu son enfant. On sent pourtant qu'il aime sincèrement la vertu, mais sa passion l'égare; et si sa grande jeunesse ne l'excusait pas, avec ses beaux discours il ne serait qu'un scélérat. [53]

Finalement, certaines critiques se détruisent pour ainsi dire par elles-mêmes parce que la position idéologique de l'éditeur étant diamétralement opposée à celle qu'il montre ailleurs dans les notes, le lecteur met en doute la validité de ses critiques. Par exemple, dans la note qui renvoie à l'expression "petits-maîtres" employée par Julie, l'éditeur critique l'ignorance de Julie en se mettant à la place des gens du monde qui tirent de la fierté de leur savoir-vivre:

> Douce Julie, à combien de titres vous allez vous faire
> siffler! Eh quoi! vous n'avez pas même le ton du jour!
> Vous ne savez pas qu'il y a des petites-maîtresses, mais
> qu'il n'y a plus de petits-maîtres! Bon Dieu! que
> savez-vous donc![54]

Claire n'échappe pas non plus à la critique de l'éditeur:

> Que cette bonne Suissesse est heureuse d'être gaie,
> quand elle est gaie, sans esprit, sans naïveté, sans
> finesse! Elle ne se doute pas des apprêts qu'il faut
> parmi nous pour faire passer la bonne humeur. Elle ne
> sait pas qu'on n'a point cette bonne humeur pour soi,
> mais pour les autres, et qu'on ne rit pas pour rire,
> mais pour être applaudi.[55]

Pourtant, il est difficile d'accepter ces critiques au pied de la lettre. Car, outre que le ton hyperbolique de l'éditeur montre une intention ironique, elles sont en contradiction flagrante non seulement avec la réflexion théorique rousseauiste sur la société contemporaine en général, mais aussi avec les autres notes de <u>La Nouvelle Héloïse</u>. Car contre les gens chez qui l'apparence l'emporte sur le sentiment, Rousseau note ailleurs:

> S'affliger à la mort de quelqu'un est un sentiment
> d'humanité et un témoignage de bon naturel, mais non pas
> un devoir de vertu, ce quelqu'un fût-il même notre père.
> Quiconque, en pareil cas, n'a point d'affliction dans le
> coeur n'en doit point montrer au dehors; car il est
> beaucoup plus essentiel de fuir la fausseté que de
> s'asservir aux bienséances.[56]

Sous ce jour, la critique de l'éditeur sur Julie et de Claire constitue plutôt une louange qu'une accusation: leur ignorance du savoir-vivre mondain accentue la simplicité de leurs moeurs; car au lieu de se tenir à l'affût de la mode, ou de s'occuper des apparences et des conventions de la société, elles s'expriment spontanément d'après le seul guide de leur sentiment.

Rousseau ne se met donc à la place de l'homme de société que pour mieux faire sentir au lecteur sa fausseté. Pourtant, l'adoption de cette vision a une signification plus étendue dans la lecture à mesure qu'elle contribue à créer une illusion de complicité entre l'éditeur et le lecteur vis-à-vis des personnages. Nous le verrons, cette complicité est cruciale pour la lecture: elle est un moyen de manipulation du lecteur dans la mesure où elle concourt à créer l'illusion de l'identité entre l'éditeur et le lecteur.

Le rapport entre l'éditeur et le lecteur hypothétique dans La Nouvelle Héloïse est presque toujours négatif: quoique le rapport que l'éditeur entretient avec le lecteur soit un "rapport personnel", il ne cherche pas à obtenir sa faveur. Au contraire, la plupart du temps, l'éditeur montre un dédain profond à l'égard du lecteur. D'ailleurs, l'image du lecteur que l'éditeur fait voir dans les notes est celle d'un lecteur incapable de comprendre les "belles âmes". Il est vrai que le lecteur avec qui Rousseau s'engage dans le dialogue n'est pas toujours le même; il existe en gros trois types de lecteurs: les lectrices, les lecteurs masculins et le lecteur tout court. Malgré leur diversité, ces lecteurs partagent un trait commun: ils sont inférieurs à l'éditeur soit en intelligence, soit en morale. Ainsi l'éditeur donne-t-il un conseil aux "femmes trop faciles": "voulez-vous savoir si vous êtes aimée? examinez votre amant sortant de vos bras".[57] Pour les femmes "folles", il refute comme folie leur exigeance de la consistance en accusant leur légèreté:

> [...] changer sans cesse, et vouloir toujours qu'on vous aime, c'est, vouloir qu'à chaque instant on cesse de vous aimer; ce n'est pas chercher des coeurs constants, c'est en chercher d'aussi changeants que vous.[58]

Les lecteurs masculins ne sont pas mieux traités. Sans parler de "l'homme au beurre" dont la malhonnêteté saute aux yeux,[59] "le questionneur" n'est, même sous la perspective la plus favorable, que "malheureux" parce qu'il n'est pas capable de comprendre les gens vertueux.[60] Quant aux "lecteurs à beaux laquais", c'est leur intelligence même qui est mise en doute dans la mesure où leur question montre, selon l'éditeur, leur incompétence en matière de lecture. Car, prétend l'éditeur,

> on vous a répondu d'avance: on ne les [les domestiques de Julie] avait point pris, on les avait faits. Le problème entier dépend d'un point unique; trouvez seulement Julie, et tout le reste est trouvé. Les hommes, en général, ne sont point ceci ou cela, ils sont ce qu'on les fait être.[61]

Le lecteur en général n'est pas non plus d'un caractère sympathique: sauf dans les rares cas du lecteur "neutre", il est toujours présenté sous un jour négatif. Ainsi, quand Julie demande des détails sur l'Opéra de Paris, l'éditeur commente-t-il:

> J'aurais bien mauvaise opinion de ceux qui, connaissant le caractère et la situation de Julie, ne devineraient pas à l'instant que cette curiosité ne vient point d'elle. On verra bientôt que son amant n'y a pas été trompé. S'il l'eût été, il ne l'aurait pas aimée.[62]

Ici, "le mauvais lecteur" est accusé d'incompétence intellectuelle en même temps que sa moralité est mise en doute. Le mépris de l'éditeur à l'égard du lecteur atteint son apogée quand l'éditeur rompt soudain le dialogue en disant:

> Pourquoi l'éditeur laisse-t-il les continuelles répétitions dont cette lettre est pleine, ainsi que beaucoup d'autres? Par une raison fort simple: c'est qu'il ne se soucie point du tout que ces lettres plaisent à ceux qui feront cette question.[63]

De cette façon, le lecteur négatif devient un "non-lecteur". Selon Robert Ellrich, cette stratégie est un moyen de manipulation du lecteur parce que,

> by posing in advance his scornful dismissal of this hypothetical reader, Rousseau exerts pressure on the actual reader of his novel to distinguish himself by his greater cleverness and understanding, which will permit him to recognize the previously unknown truth placed before him.[64]

Pourtant, si la dissociation totale du lecteur actuel à l'égard du lecteur hypothétique est la condition nécessaire de la lecture idéale conçue par Rousseau, elle n'en est pas tout de même une condition suffisante: "le pays des chimères" étant un pays radicalement différent de la société contemporaine, il faut que le lecteur soit guidé pas à pas par l'auteur afin qu'il ne se soit pas perdu dans sa recherche de "la vérité inconnue".

Dans La Nouvelle Héloïse, c'est l'éditeur qui sert de guide en s'incarnant dans le rôle du lecteur idéal. En effet, dès la préface dialoguée, le côté-lecteur de l'éditeur est mis en valeur par les mentions fréquentes de sa lecture. D'ailleurs, ce n'est pas par la réflexion théorique mais c'est par la description de sa lecture qu'il explique la valeur esthétique et morale de l'oeuvre. Ainsi le personnage R, la personnification du Rousseau-éditeur, présente-t-il comme toute défense contre les critiques de son interlocuteur N la manière dont il lit les lettres des deux amants:

> Sans le [le public] taxer d'injustice, je veux vous dire, à mon tour, de quel oeil je vois ces lettres, moins pour excuser les défauts que vous y blâmez, que pour en trouver la source.[65]

Il n'essaie pas d'ailleurs de persuader le lecteur mais de lui faire partager sa lecture en s'occupant moins d'avoir raison vis-à-vis de son interlocuteur que d'accentuer l'accord de coeur fondamental entre lui-même et le lecteur: "voilà, dit-il, ce que j'éprouve en les lisant; dites-moi si vous sentez la même chose".[66] Le but final de Rousseau dans la direction de la lecture est donc de faire s'identifier le lecteur avec l'éditeur. Car, l'accord parfait du coeur ne peut être obtenu qu'en devenant une seule personne.

Cette intention est manifeste dans la manière dont Rousseau caractérise le personnage de l'éditeur dans les notes. D'abord, c'est en contrastant les bonnes qualités de l'éditeur avec les défauts du lecteur hypothétique que Rousseau invite le lecteur à s'identifier avec l'éditeur: l'éditeur a de l'intelligence tandis que "le mauvais lecteur" est stupide; il a une droiture morale tandis que l'autre est corrompu par la société; il a du coeur et de la sincérité quand chez l'autre, seule l'apparence importe;

bref, il a toutes les qualités personnelles qui font défaut au lecteur hypothétique. Il est donc naturel que le lecteur choisisse l'éditeur comme celui qui le représente dans le texte car enfin on s'identifie plus facilement avec quelqu'un de positif qu'avec quelqu'un dont la personnalité s'est montrée défectueuse.

Deuxièmement, l'identification est facilitée par le fait que l'éditeur adopte, quoique momentanément, une vision du monde de l'homme de la société: nous l'avons vu, c'est en homme de la société qu'il plaint Julie et Claire de leur ignorance du savoir-vivre. Il est vrai que cette prise de position est feinte. Pourtant elle a de l'importance dans la situation rhétorique en ce sens qu'elle sert de leurre efficace pour faire prendre au lecteur la position de l'éditeur: le lecteur étant essentiellement un homme de la société, il s'identifie plus facilement avec l'éditeur quand celui-ci partage sa vision, quelle que soit l'intention véritable de ce geste feint.

La lecture idéale de <u>La Nouvelle Héloïse</u> est donc une lecture où le lecteur entretient un rapport condescendant avec les personnages, tout en prenant ses distances. Dans cette lecture, le lecteur est invité, à la manière de l'éditeur, à juger les lettres des deux amants non pas selon les critères moraux et esthétiques du monde contemporain mais selon ceux de l'homme de la nature. Ainsi, Rousseau fait-il du lecteur réel son double. Car enfin, s'identifier avec l'éditeur, n'est-ce pas accepter d'être un autre Rousseau?

De ce point de vue, la dualité du rapport que l'éditeur garde avec le lecteur hypothétique d'une part, avec les personnages d'autre part, n'est pas un simple moyen de manipuler le lecteur dans le but d'obtenir une réaction favorable. Plutôt, c'est un tour de force de l'auteur pour assurer une communication transparente avec son lecteur: en devenant un double de l'auteur, le lecteur cesse d'être un obstacle à la communication littéraire. Cette situation rhétorique est la réalisation de la transparence, c'est-à-dire, "Rousseau's abiding dream of a truth capable of elaborating itself outside any threat of misinterpretation, misrepresentation, or distortion by the audience to which it is adressed".[67] En ce sens, nous pouvons dire que l'union la plus parfaite des individus ne se trouve pas dans le monde enchanté de Clarens mais dans les marges du roman: l'union des "deux âmes dans le même corps",[68] l'idéal rousseauiste du rapport humain est réalisé dans le sens littéral du mot, dans celui entre l'auteur et le lecteur qui s'unissent dans le corps du personnage de l'éditeur.

4. L'EDITEUR ET L'AMBIGUITE MORALE DES LIAISONS DANGEREUSES

L'ambiguïté morale des Liaisons pose un problème insurmontable dans l'interprétation de cette oeuvre qui a fasciné des générations de lecteurs. Mme Riccoboni est un des premiers lecteurs à relever le problème de l'ambiguïté. Dans sa correspondance avec Laclos, Mme Riccoboni l'accuse "d'employer ses talents, sa facilité, les grâces de son style à donner aux étrangers une idée si révoltante des moeurs de sa nation et du goût de ses compatriotes".[1] Pourtant, ce qui importe pour notre discussion, c'est moins sa fierté nationale que les implications de ses critiques. L'attaque de Mme Riccoboni se concentre sur deux points dont dépend en grande partie la signification morale de l'oeuvre. D'abord, il s'agit de la caractérisation de Mme de Merteuil: elle a des qualités trop séduisantes pour inspirer au lecteur une juste horreur.[2] Ensuite, l'ambiguïté du dénouement affaiblit la valeur morale de la punition des vilains: à entendre Mme Riccoboni, le dénouement est implausible dans la mesure où, à la différence du Tartuffe, ici, les personnages vicieux ne sont pas "puni[s] par les lois".[3]

Nous voyons ici que quoique présentées d'une façon indirecte, ces critiques pénètrent aux sources mêmes de l'ambiguïté morale de l'oeuvre. Car elles ne sont rien d'autre que ce que Susan Suleiman appelle les "subversions" de la thèse ou "the play of writing"[4]: dans le roman à thèse, un certain mode de caractérisation ou de l'événement affaiblit, sinon subvertit, la thèse même du roman. Chez Laclos, de la même façon, le caractère de Merteuil et le dénouement invraisemblable sapent le but moral que Laclos professe dans la préface (si nous acceptons provisoirement que "l'éditeur" et le "rédacteur" représente l'auteur) et ailleurs (dans sa correspondance avec Mme Riccoboni, par exemple).

Il est vrai que <u>Les Liaisons</u> ne sont pas un roman à thèse. Car le moralisme de Laclos n'est pas au service d'une idéologie spécifique. Pourtant, comme nous retrouvons ici aussi la déconstruction d'un but unilatéral dans le processus de sa réalisation romanesque, l'exemple du roman à thèse nous servira de point de repère. D'ailleurs, quel autre type de roman illustre le mécanisme de la création d'une signification univoque aussi clairement que le roman à thèse?

D'après Suleiman, parmi une multiplicité d'éléments romanesques dont dispose l'auteur du roman à thèse pour prouver sa thèse, trois semblent s'imposer.[5] Ce sont: l'événement, le personnage et le commentaire. Ces trois éléments ont chacun leur propre façon de mettre en valeur la thèse de l'oeuvre. D'abord, sur le plan de l'événement, la réussite ou l'échec du personnage dans son entreprise sert à prouver la validité ou la fausseté de la cause à laquelle il sert: si le personnage réussit, cela signifie que l'action où il s'est engagé est "bonne" et vice versa. Ensuite pour le personnage, la qualité personnelle est un signe de la valeur de la cause à laquelle il adhère: le romancier renforce sa thèse en donnant au personnage qui l'incarne des qualités culturellement admises comme positives (la beauté, l'amabilité, etc.), tout en dépréciant l'antithèse en la faisant représenter par un personnage possesseur des qualités négatives (la laideur, la malhonnêteté, etc.). Quant au commentaire, il existe deux façons de le prononcer: soit par le personnage positif, soit par le narrateur omniscient.

Le roman à thèse produit une interprétation univoque quand ces trois éléments se trouvent dans un rapport cohérent. Pourtant, comme le roman est une structure complexe, il existe toujours une possibilité de subversion. Selon Suleiman, l'affaiblissement, -sinon la subversion- de la thèse se produit dans chacune de ces trois catégories. Pour la caractérisation, la qualité positive d'un personnage qui personnifie l'antithèse menace l'interprétation univoque, en créant "a dangerous opening".[6] La subversion par l'événement s'opère quand "the meaning of an event is not exhausted by the 'right' interpretation according to the thesis of the novel".[7] En d'autres termes, la polysémie de l'événement résiste à une interprétation monolithique. Finalement, l'absence ou la rareté des commentaires cause aussi la dissémination de la thèse: car "if the novel makes no explicit affirmations but is content to let its truths 'speak for themselves', it leaves the door open to every kind of misunderstanding".[8]

Or, dans <u>Les Liaisons</u>, la subversion de la thèse se produit sur les trois plans romanesques: caractérisation, événement, et commentaire. Il est vrai que Mme Riccoboni ne semble pas douter du moralisme des commentaires de "l'éditeur" et du "rédacteur", comme nous le devinons par son silence à ce sujet. Pourtant, les commentaires ne sont pas aussi innocents que le croit le lecteur qui a tendance à y voir la parole transparente de l'auteur. Nous le verrons, les commentaires du "rédacteur" des <u>Liaisons</u> font partie intégrale du roman et ainsi n'échappent pas à l'ambiguïté qui gouverne le monde romanesque des <u>Liaisons</u>.

D'ailleurs, la façon dont il arrange les lettres laisse voir que le moralisme du "rédacteur" est d'une nature suspecte. Car l'organisation favorise clairement les "vilains" par rapport aux "victimes", et cela, de deux façons. D'abord, la juxtaposition ironique, le parallélisme entre Cécile/Tourvel, et la sélection des lettres s'effectuent surtout au préjudice des "victimes". Comme ces effets ont déjà donné lieu à de nombreuses études,[9] nous nous concentrons sur la deuxième façon de manipuler, c'est-à-dire, celle dont l'organisation fait s'identifier le lecteur avec Valmont, un personnage vicieux. Nous l'avons vu, dans un roman épistolaire, la signification de l'oeuvre dépend autant de l'organisation que du contenu des lettres individuelles: celles-ci ne prennent leur signification définitive qu'en s'insérant dans un contexte spécifique.

Il faut donc ajouter un quatrième élément aux trois composantes idéologiques de Suleiman: dans un roman épistolaire, l'organisation sert aussi un but idéologique dans la mesure où le caractère discontinu de la lettre laisse un champ sémantique indécis dans la jointure des lettres individuelles. En ce sens, la fonction idéologique de l'éditeur est même plus grande que celle du narrateur omniscient: le rôle de l'éditeur dans le système idéologique du roman est double dans la mesure où il fournit les directives de lectures non seulement verbalement, c'est-à-dire, par ses commentaires dans les notes, mais aussi non verbalement, en créant le contexte de la lecture.

L'ambiguïté que crée l'organisation est la plus manifeste quand il s'agit des séries de lettres qui décrivent les mêmes événements et où l'ordre des lettres ne dépend pas de la chronologie. Car, d'un côté, la chronologie cessant de fonctionner comme le principe de l'organisation dans ces séries, la disposition des lettres met au clair le mode de lecture que l'auteur préconise pour Les Liaisons. D'un autre côté, comme les lettres de la même série racontent le même événement, l'influence du contexte est ici la plus visible: si le lecteur apporte de différents modes de lectures, c'est surtout la place relative des lettres dont dépend cette différence.

Il existe quatre séries de lettres qui répondent à nos conditions (le même événement, le renversement ou l'embrouillement de l'ordre chronologique). La première série est celle des lettres 21 et 22 où il s'agit de la "fausse générosité" de Valmont. La lettre de Valmont explique le motif caché de son acte tandis que dans la lettre 22, Tourvel apparaît entièrement dupée. Le renversement de la chronologie est ici évidente. Car la lettre 21 est écrite juste avant le souper ("Mais on m'avertit que le souper est servi [...]"), tandis que la rédaction de la lettre 22 est accomplie pendant la journée comme nous le voyons par le post-scriptum de Tourvel: "Madame de Rosemonde et moi nous allons, dans l'instant, voir aussi l'honnête et malheureuse famille, et joindre nos secours tardifs à ceux de M. de Valmont. Nous le mènerons avec nous."

La deuxième série comprend les fameuses lettres 47 et 48 envoyées ensemble à la Marquise de Merteuil, la lettre 47 servant de "clef" à la lettre 48. Il s'agit ici de la "nuit orageuse" que Valmont passe avec Emilie, une courtisane, et sur le dos de laquelle il écrit à Mme de Tourvel une lettre pleine de double entendre. Ici encore, l'ordre des lettres est en sens inverse par rapport à la chronologie: car comme les lettres jointes sont toujours écrites avant la rédaction des lettres qui les contiennent, il est naturel que la rédaction de la lettre 48 précède celle de la lettre 47.

Le viol de Cécile constitue notre troisième événement. Ici, il existe le même contraste de vision: quoique Valmont et Cécile participent à la même activité, Cécile est incapable de percer le mystère de l'apparence tandis que Valmont dévoile le mécanisme caché de son exploit nocturne. La chronologie n'est pas non plus le principe qui détermine l'ordre des lettres de cette série. Car s'il n'y a aucun indice qui indique que la lettre de Cécile est antérieure à celle de Valmont, il n'y a pas non plus de preuves inverses: comme dans le cas du renversement de l'ordre chronologique, la disposition dépend ici entièrement de la libre décision de l'éditeur.

Dans notre dernière série pourtant, Laclos lui-même accentue le dérangement de l'ordre chronologique en précisant dans l'entête de la lettre de Tourvel (lettre 102) l'heure de la rédaction ("à une heure du matin"). Dans cette lettre, Mme de Tourvel explique à Mme de Rosemonde le motif de son départ tandis que dans la lettre 100, Valmont se montre confondu par la fuite de Mme de Tourvel.

Nous voyons ici qu'il existe un dénominateur commun dans le rapport entre les deux lettres qui constituent chacune des quatre séries: l'une révèle le revers de l'apparence tandis que l'autre demeure au niveau de l'apparence. Cette situation peut être rapprochée du rapport entre <u>Pamela</u> et <u>Shamela</u>, celle-ci dévoilant la duplicité cachée de l'héroïne de <u>Pamela</u>: la vertu de Pamela mise en avant dans <u>Pamela</u> n'est, d'après <u>Shamela</u>, qu'un moyen de la séduction. S'il existe une différence entre ces deux rapports, c'est le fait que tandis que <u>Shamela</u> est une parodie d'une oeuvre dont la signification est déjà complète, dans <u>Les Liaisons</u> ce rapport est exploité intentionnellement et fait partie intégrale de l'esthétique du roman.

Le "jeu de miroirs" n'est pas une nouveauté. Les romanciers du XVIIIe siècle exploitent pleinement la possibilité qu'offre le roman épistolaire polyphonique en faisant raconter le même événement par différents personnages. Dans un roman de séduction, la vision stéréoscopique sert surtout à mettre en évidence le décalage entre la vision naïve de la victime et la vision du séducteur qui dévoile au lecteur le revers de l'apparence (que nous appellerons désormais "la version Pamela" et "Shamela" respectivement). Dans Clarissa par exemple, l'intérêt de l'oeuvre réside en partie dans l'alternance de la vision de Clarissa et celle de Lovelace qui la "complète" en expliquant l'aspect caché de l'événement, renversant ainsi sa signification.

Pourtant, "la version Shamela" n'est pas le monopole des trompeurs. Dans Humphry Clinker de Smollett, il existe un cas typique de ce décalage de visions où c'est le personnage le plus naïf du roman, à savoir Lydia Melford, une jeune fille de seize ans dont la lettre sert de "version Shamela". Il s'agit ici de l'épisode de l'évanouissement de Lydia causé par sa rencontre avec son amant Wilson déguisé en juif. Cet épisode est raconté trois fois. D'abord par Mr. Bramble, l'oncle de la jeune fille qui n'y voit qu'un effet persistent du chagrin d'amour: "Lyddy [...] is like to relapse. The poor creature fell into a fit yesterday, while I was cheapening a pair of spectacles, with a Jew-pedlar. - I am afraid there is something still lurking in that little heart of hers, [...]".[10] Dans la lettre suivante, Lydia elle-même raconte en détail la rencontre. Finalement, Jery Melford, le frère de Lydia, raconte le même événement sans soupçonner qu'il y existe aucun mystère.

Comme nous nous intéressons moins à la modalité générale du "jeu de miroirs" qu'à l'effet de l'organisation, nous nous concentrerons sur la façon dont l'organisateur place les deux versions l'une par rapport à l'autre. Pour placer les pendants

"Pamela/Shamela", l'éditeur a deux options: "la version Pamela" soit précède, soit suit "la version Shamela". Dans Clarissa, Richardson place le plus souvent la version superficielle avant l'éclaircissement. L'épisode de l'enlèvement de Clarissa par exemple, est raconté deux fois: d'abord par Clarissa; ensuite par Lovelace. L'ordre de lecture est donc progressif; car s'il est vrai que sur le plan dramatique, le lecteur voit le résultat avant la cause, sur le plan de l'intelligence, il s'approche de plus près de la vérité à mesure qu'il s'avance dans sa lecture.

Par contre, dans notre première série, "la version Shamela" précède "la version Pamela". Dans la lettre 21, Valmont raconte comment il a secouru une famille pauvre. Pourtant, cette générosité n'est, d'après ce dont Valmont informe Merteuil, qu'un moyen de séduire Mme de Tourvel. Aussi, Valmont n'oublie-t-il pas de rapporter la présence du "fidèle espion" parmi les spectateurs de son acte de bienfaisance. Dans la lettre 22, le même épisode est raconté d'un point de vue diamétralement opposé à celui de Valmont. En écrivant à Mme de Volanges, Mme de Tourvel se montre entièrement dupée, prise au piège que lui tend Valmont. D'ailleurs, la hâte qu'elle a mise à faire part de cette "générosité" souligne le succès total de Valmont.

La lecture étant une activité linéaire, il est naturel que les deux modes d'organisation influent de façons différentes sur le lecteur. Pour expliquer cette différence, nous allons recourir à l'exemple déjà mentionné de Humphry Clinker: la lettre de Lydia qui éclaircit la situation se trouvant au milieu des deux versions "naïves", cet exemple peut montrer à la fois le mécanisme de la lecture du type _Clarissa_ et celui de notre première série. Dans la combinaison Bramble/Lydia, la lettre de Lydia produit chez le lecteur un effet de surprise. Car ici, le lecteur constate que l'épisode raconté en passant a une signification beaucoup plus importante. Le lecteur subit donc passivement le tour de force de l'auteur qui le surprend et puis s'explique. Il est vrai que le lecteur prend plaisir dans la reconstruction de la lettre précédente à la lumière des nouveaux renseignements. Pourtant, ce n'est qu'une activité de révision. Car si la révélation invite le lecteur à une relecture, elle ne peut annuler sa première lecture.

Par contre, en plaçant "la version _Shamela_" avant "la version _Pamela_", l'organisateur invite le lecteur à s'engager activement dans la création de la signification. Dans l'exemple de _Humphry Clinker_, le lecteur, après avoir lu la lettre de Lydia, prend une attitude plus engagée quand il lit la lettre suivante. Comme Lydia l'a averti que son frère a vu Wilson (toujours déguisé en juif) parler à la servante de Lydia et qu'en plus, il a interrogé la servante à son sujet, le lecteur lit la lettre de Jery Melford avec l'attention du détective pour saisir quelque signe de soupçon. A la fin de la lettre, le lecteur se sent soulagé de n'en découvrir aucune trace.

L'influence de ce mode particulier d'organisation est donc double. D'abord, il détourne l'attention du lecteur de l'événement en question vers la façon particulière dont le deuxième épistolier le voit: comme il n´est pas pressé de suivre l´histoire, il est dans une position plus apte à lire plus loin que la dénotation de la lettre. Ce déplacement de l´intérêt est d´ailleurs attribuable en partie à la complicité du lecteur avec le premier épistolier. Nous l´avons vu, le lecteur de <u>Humphry Clinker</u> partage momentanément l´inquiétude de Lydia pour souhaiter que son frère ne s´aperçoive de rien.

Dans la lecture des lettres 21 et 22 des <u>Liaisons</u>, nous observons les mêmes phénomènes. D´abord, l´acte de générosité de Valmont est relégué à l´arrière plan pour mettre celui de la duperie de Tourvel à l´avant-scène. Car la curiosité du lecteur concernant la signification de la générosité de Valmont étant entièrement satisfaite dès la lettre 21, dans la lettre de Tourvel, il cherche moins à comprendre la signification de l´événement qu´à épier la réaction de Tourvel. En d´autres termes, la lettre de Tourvel perd toute sa valeur informative pour n´avoir qu´une valeur de documentation auprès du lecteur: le point de vue de la victime n´intéresse le lecteur que dans la mesure où il confirme (ou démentit) le succès du séducteur.

Ce déplacement de l´intérêt joue un rôle important dans la création de la complicité entre Valmont et le lecteur: en cherchant à saisir la réaction de Tourvel, le lecteur partage à son insu le point de vue de Valmont: car ce mode de lecture, n´est-ce pas justement celui par lequel Valmont lirait la lettre de Tourvel? Dans le cas de Lydia, son innocence rend le lecteur apte à s´intéresser à son sort. Ici, au contraire, le moralisme du lecteur intervient dans la lecture de sorte qu'il a plus de difficulté à partager la vision de Valmont, vu le caractère vicieux de ce personnage. Pourtant la magie de la disposition est telle qu'elle fait oublier au lecteur, quoique momentanément, l'identité de Valmont pour partager son intérêt.

Cette complicité involontaire est mise en valeur par Vivienne Mylne quand elle explique l'intérêt que prend le lecteur pour les deux personnages vicieux des Liaisons. Selon Mylne, ils attirent notre intérêt, sinon notre sympathie, non seulement parce qu'ils sont des personnages "supérieurs" mais aussi parce que,

> [...] the story begins with the formulation of two challenging projects, and proceeds to show the difficulties which are faced and overcome before the projects are carried out. The notions of seducing Cécile and 'winning' Mme de Tourvel are put before us as aims, and for a good many readers the inherent interest of seeing whether, and how, the aims can be achieved may tend to overshadow the moral judgements which might otherwise come into play. [...] some of Laclos's readers may well find themselves involved in the seducer's plans to the extent of wanting, momentarily at least, to see Valmont succeed.[11]

Comme la disposition de la série des lettres 21 et 22 met en abîme la structure globale de l'oeuvre, il est naturel que le lecteur applique le même mode de lecture: le lecteur devient en quelque sorte complice du séducteur de sorte qu'il prend plaisir à constater dans la lettre de Tourvel le succès total du séducteur.

Nous voyons ici que l'organisation facilite l'identification du lecteur avec les libertins. Cette impression est renforcée par l'existence des deux autres séries de lettres qui ont la même structure intérieure: dans la série des lettres 47/48 où il est question de la lettre écrite sur le dos de la courtisane ainsi que dans celle des lettres 96/97 qui concerne le viol de Cécile, "la version <u>Shamela</u>" précède "la version <u>Pamela</u>". Nous l'avons vu, ce mode d'organisation produit une complicité entre le lecteur et l'épistolier de la première lettre de la série. Pourtant, s'il est vrai que dans la série 96/97, la lettre de Valmont qui précède celle de Cécile invite le lecteur à s'aligner avec lui, dans la série 47/48, l'enjeu ne réside pas dans la différence des visions du destinateur (car c'est Valmont qui écrit les deux lettres) mais dans celle des destinataires. En d'autres termes, dans la série 47/48, le jeu de miroirs est plus un produit de notre imagination qu'une preuve textuelle. Car, si nous prenons plaisir à la lecture de cette série, c'est parce que nous contrastons hypothétiquement la lecture innocente de Tourvel à celle de Merteuil qui, comme nous, sait déchiffrer la signification cachée de la lettre 48.[12]

La présence du lecteur intradiégétique autre que celui à qui la lettre est ostensiblement addressée influence notre lecture de deux façons. D'abord, elle nous fait nous identifier avec le lecteur caché: cette identification est attribuable au fait qu'ils assument tous les deux le rôle du voyeur. D'ailleurs, comme notre lecture ne concerne plus ce qui "est" dans la lettre mais plutôt la lecture hypothétique de Tourvel, nous ressemblons plus à Merteuil qu'à Valmont: notre intérêt de palimpseste nous unit avec Merteuil qui, à son tour, épie la trace de la lecture de Tourvel.[13]

    Il est donc naturel que le lecteur soit influencé par la directive de la lecture que Valmont fournit à la Marquise. Selon Jean Biou, dans la lettre 47, Valmont demande à Merteuil trois réactions spécifiques: le rire, la complicité et le service de "cacheter et mettre [la lettre 48] à la poste".[14] Parmi ces trois injonctions, les deux premières regardent également le lecteur réel. Pourtant, si le lecteur entre dans un rapport complice avec Valmont par l'intermédiaire de Merteuil, le rire du lecteur réel (si jamais il rit) a une source différente de celui de Merteuil dans la mesure où la scène qu'il visualise est différente de celle que conçoit Merteuil: dans le tableau de Merteuil, il y a seulement trois acteurs, à savoir, Valmont, Emilie et Tourvel tandis que dans le notre, Merteuil en fait partie intégrale en jouant le rôle du voyeur semblable à celui que joue Orgon dans Le Tartuffe (Acte IV, Scène 5).

    La deuxième influence du lecteur caché sur notre lecture serait donc le renforcement de l'aspect comique. En effet, il existe un consensus parmi les critiques sur le caractère théâtral des Liaisons. Pourtant, depuis le travail de Georges May, si l'on reconnaît l'affinité fondamentale des Liaisons avec la tragédie,[15] on ne les rapproche de la comédie qu'avec précaution.[16] Cette hésitation est attribuable au fait que, comme May le remarque d'ailleurs, à la différence de la comédie où la tromperie ne mène guère au-delà du ridicule, dans Les Liaisons, "[l]'enjeu [...] [des] tromperies est grave".[17] En d'autres termes, "nous rions", maintient May, "du monsieur qui glisse sur une peau de banane et tombe assis sur son chapeau melon, à condition qu'il ne se fasse aucun mal", tandis que "[s]'il se casse le cou, la scène devient tragique".[18]

Pourtant, le comique ne semble pas toujours décidé par le critère moral. Car comme le remarque Rousseau, le spectateur rit bel et bien de la situation moralement la plus horrible où "[l]es droits les plus sacrés, les plus touchants sentiments de la nature, sont joués", au profit des "[f]aux acte, supposition, vol, fourberie, mensonge, inhumanité".[19] En d'autres termes, le comique est un concept relatif dont l'appartenance est décidée moins par le pur moralisme que par la façon dont le dramaturge présente l'événement ou par la complicité du spectateur. Il suffit d'ailleurs de rappeler le scandale du Tartuffe pour confirmer cette relativité.

En ce sens, de la complicité au rire, il n'y a qu'une différence de degré: celui qui se met à la place de Merteuil ne manquera pas de rire aux dépens de Tourvel. D'ailleurs, la situation évoquée dans les lettres 47 et 48 ressemble en grande partie à la scène du Tartuffe où Elmire tend un piège à Tartuffe pour éclaircir Orgon, mari à la fois trop crédule et trop incrédule (Acte IV, Scène 5). Nous avons déjà vu que Merteuil ressemble à Orgon: dans Le Tartuffe, le discours d'Elmire est destiné à la fois à Tartuffe et à Orgon caché sous la table; dans Les Liaisons, il s'agit de Merteuil qui lit la lettre 48 au su du destinateur et à l'insu du destinataire titulaire.

Ce qui rapproche de plus près la situation en question dans Les Liaisons de la scène du Tartuffe est l'abondance du double entendre. Dans Le Tartuffe, c'est surtout le pronom "on" qui sert à créer le discours à deux niveaux: le "on" employé par Elmire désigne Orgon, quoique Tartuffe se l'assimile, ignorant la présence de l'autre.[20] Pour le double entendre de la lettre 48 des Liaisons, il suffit de nous reporter à l'étude de Jacques Bourgeacq.[21] Ce qui reste à souligner ici, c'est le fait que le plaisir que donnent au lecteur les nombreux exemples du double entendre n'est possible que parce que l'explication du texte précède le texte en question. En d'autres termes, ce qui fait de la lettre 48 un chef-d'oeuvre de double entendre, c'est justement sa position relative vis-à-vis de la lettre 47. Pour en illustrer ici l'enjeu, il suffirait d'imaginer une scène du Tartuffe où le spectateur ignorerait la présence d'Orgon: en perdant le double entendre, la scène perdrait toute sa vigueur, car la révélation qui vient après coup ne rachèterait pas le rire perdu.

Dans la série des lettres 96/97, l'effet comique vient du style hyperbolique du début de la lettre 97. Le lendemain du viol, Cécile écrit à la Marquise de Merteuil une lettre de style fort exclamatif:

> Ah! mon Dieu, Madame, que je suis affligée! que je suis malheureuse! Qui me consolera dans mes peines? qui me conseillera dans l'embarras où je me trouve? Ce M. de Valmont... et Danceny! non, l'idée de Danceny me met au désespoir... Comment vous raconter? comment vous dire? ... Je ne sais comment faire. [22]

Il est vrai que ces hésitations, ces exclamations et ces coupures représentent la honte et la souffrance de la jeune fille. Pourtant, pour être tragique, le style ressemble trop à celui de la comédie, comme par exemple à celui dont se sert Harpagon pour crier au voleur dans l'Avare (Acte IV, Scène, VII). Il suffirait d'ailleurs, de comparer le style de Cécile avec celui de Clarissa dans les fragments qu'elle écrit après le viol pour comprendre le caractère comique de cette hyperbole.

De plus, ce qui renforce le comique de la situation, c'est que cette lettre est précédée par celle de Valmont et qu'elle est adressée à sa complice. Car comme dans la série des lettres 47/48, le lecteur qui s'identifie, quoique momentanément, avec le lecteur dans le texte, partage la complicité de Merteuil avec Valmont qui ne voit dans la souffrance de la victime qu'un matériau pour rire: "Cette figure si ronde s'était tant allongée! rien n'était si plaisant".[23] En d'autres termes, de même que la Marquise lit la lettre de Cécile à la lumière de celle de Valmont, le lecteur, manipulé par l'organisateur, a tendance à considérer la confusion de Cécile moins comme une expression authentique de la souffrance que comme des "mines de lendemain" dont jouit le séducteur.

Cela ne veut pas dire pourtant que le lecteur ne puisse se révolter contre la vision du monde de Valmont. Loin de là: le lecteur peut s'insurger contre les deux libertins et "frémit [...] ou voudrait pouvoir intervenir, ouvrir les yeux aux victimes aveugles".[24] Cependant, cette réaction ne vient souvent qu'après un sourire complice. Laurent Versini fait d'ailleurs

allusion à cet oubli momentané du souci moral quand il dit:
"Avant d'être un livre terrifiant, les Liaisons sont un livre
amusant".[25] Le tour de force de Laclos réside donc dans l'art
de faire rire le lecteur malgré lui, faisant d'un événement
horrible une source de plaisir.

Notre quatrième série (lettres 100/102) présente une situation typiquement comique, celle du trompeur trompé: Valmont le séducteur est confondu par la fuite inattendue de sa victime tandis que celle-ci comprend mieux la situation. Ici, à la différence des trois premières séries, le rire du lecteur serait moralement justifié. Pourtant, notre expérience de lecteur montre qu'en partageant la confusion de Valmont, nous sommes incapable de rire, au moins à la première lecture. Pourquoi cette incapacité de rire au moment où la situation y est la plus propice?

Comme la lecture est un processus complexe, il est difficile de répondre par un seul élément. Pourtant, nous pourrons trouver une réponse dans la disposition des lettres de cette série. Nous l'avons vu, pourqu'une situation devienne comique, le lecteur doit prendre une distance suffisante à l'égard du personnage ridiculisé. Or, ici, le lecteur n'a pas cette distance vis-à-vis de Valmont dans la mesure où, à la différence des trois premières séries, "la version Shamela" (la lettre de Tourvel à Mme de Rosemonde) ne venant qu'après la lettre de Valmont, le lecteur n'a pas le guide qui pourrait indiquer le comique de la situation. En d'autres termes, si dans les séries précédentes, la disposition des lettres est responsable du plaisir impur du lecteur, ici, l'ordre inverse prive le lecteur du rire légitime. Car lui-même étant aussi ignorant que Valmont sur la signification de l'événement, il est trop pressé de suivre le récit pour se réjouir de la déconfiture du séducteur.

Il est vrai qu'en plaçant la lettre de Valmont avant celle de Tourvel, Laclos crée un effet de surprise: en contrastant le ton excessivement confiant de la lettre 99 à la confusion de la lettre 100, Laclos obtient un effet de juxtaposition rare.[26] Pourtant, ce qui est plus important, c'est que cette disposition met au clair le mode de la lecture que Laclos impose au lecteur. Car par cette série, Laclos montre que le lecteur doit se mettre à la place de Valmont non seulement quand il voit plus clair que les autres mais aussi quand sa vision est inférieure à celle des autres.

En ce sens, nous pouvons dire que le roman des <u>Liaisons dangereuses</u> est "focalisé" sur Valmont. Il est vrai que cette affirmation semble un non-sens dans la mesure où le roman épistolaire polyphonique est un exemple éminent de "focalisation multiple":[27] chaque épistolier étant le narrateur de la lettre qu'il écrit, il y a autant de foyers de vision que d'épistoliers. Pourtant, si l'application du concept de focalisation est relativement nette quand il s'agit des parties individuelles du roman, il n'en va pas de même pour l'oeuvre dans l'ensemble: quand on parle de la focalisation d'une oeuvre, c'est la plupart du temps dans un sens relatif, parce qu'il n'y a guère de roman qui n'ait pas de parties qui n'échappent à la classification plus ou moins souple de cette catégorie. Ainsi, Genette ne manque-t-il pas de signaler cette relativité quand il met en garde contre l'application trop rigoureuse de ce concept: "La formule de focalisation ne porte pas toujours sur une oeuvre entière, [...] [et] la distinction entre les différents points de vue n'est pas [...] toujours aussi nette que la seule considération des types purs pourrait le faire croire".[28] D'ailleurs, dire que <u>Les Liaisons</u> sont d'une focalisation multiple laisse échapper les différents degrés d'influence qu'exerce chaque épistolier sur le lecteur. Car, s'il est vrai que dans <u>Les Liaisons</u>, il existe plusieurs points de vue, tous n'ont pas la même valeur interprétative auprès du lecteur. Nous l'avons vu, la lettre de Mme de Tourvel perd une partie de son autonomie quand elle est vue à la lumière de celle de Valmont. Inversement, le point de vue de Valmont déborde pour ainsi dire la limite de ses propres lettres pour empiéter sur celles des autres.

    Les quatre séries de lettres que nous avons examinées sont donc des exemples par excellence de cet envahissement. De plus, elles montrent que la dominance de Valmont est voulue: car l'organisateur a préféré, même aux dépends de la chronologie, placer la lettre de Valmont en premier en en faisant ainsi le point de repère de la lecture de chaque série. En ce sens, l'ambiguïté morale qui constitue un des problèmes non résolus des <u>Liaisons</u> ne se trouve pas seulement sur le plan du contenu mais elle est inscrite dans la structure formelle de l'oeuvre. Car, voir à travers les yeux du séducteur, n'est-ce pas accepter d'être son complice en partageant avec lui le plaisir de tromper les autres?

   Cela ne signifie pas pourtant que Les Liaisons sont une oeuvre où le vice l'emporte sur la vertu. En d'autres termes, si l'organisation des Liaisons résiste au moralisme imposé à l'auteur par la société en ajoutant un niveau supplémentaire d'ambiguïté, cette ambiguïté n'équivaut pas à l'anti-morale monolithique. Car en faisant s'identifier le lecteur à Valmont, Laclos fait plus que de lui faire partager le plaisir jouissif du libertin. L'identification du lecteur avec Valmont a un sens positif: le drame de Valmont atteint une dimension tragique à mesure que le lecteur pénètre son for intérieur. A la fin du roman, la désagrégation de l'identité de Valmont devient d'autant plus poignante que le lecteur sympathise avec lui.

   L'organisation des Liaisons donc met au claire la position idéologique de Laclos. Et cela, sur deux plans. D'abord, sur le plan de l'idéologie sexuelle, la dominance de Valmont dans le récit indique que Les Liaisons ne sont pas, malgré l'apparence, un ouvrage féminocentrique. Car, si dans le monde romanesque, Valmont est secondaire à la marquise de Merteuil dont l'intelligence surpasse de loin celle de Valmont, au niveau du récit, Valmont l'emporte sur Merteuil dans la mesure où le foyer central de la vision lui appartient. Nous reviendrons à ce problème dans la conclusion où nous examinerons la situation rhétorique du roman à éditeur en général. Pour l'instant, il suffit de signaler que la mort quasi-héroïque de Valmont ainsi que la fuite ignoble de Merteuil est la consequence nécessaire de l'organisation qui fait de Valmont un héros tragique tout en n'assignant qu'une place de voyeur à la marquise de Merteuil.

Ensuite, et ce qui importe le plus pour notre discussion, c'est le fait que sur le plan moral, l'organisation des <u>Liaisons</u> est un moyen indirect de la critique sociale: en faisant "voir" au lecteur par les yeux de Valmont, Laclos met en valeur le fait que Valmont est lui-même la victime d'une société hypocrite dont les préjugés moraux l'ont poussé dans la voie du libertinage. Désormais, il n'est plus question de condamner les membres individuels de la société mais de mettre en cause le moralisme apparent de la société. Car si Valmont est, comme la Marquise de Merteuil l'a d'ailleurs remarqué, un produit de la société, il n'est pas le seul responsable de ses actes vicieux.

L'ambiguïté morale que fait voir le "rédacteur" dans ses commentaires n'est donc plus "a play of writing" mais une nécessité. Car dans une société où l'auteur ne peut attaquer ouvertement l'institution sociale, l'ambiguïté est le seul moyen possible de la mettre en cause.

Dans les commentaires, le "rédacteur" crée une ambiguïté d'abord en s'abstenant de se prononcer sur les conduites des "vilains". Pour Michel Delon, ce "silence énigmatique" de Laclos sur l'intrigue épistolaire fait partie de son "art de laisser en suspens le jugement".[29] De ce point de vue, <u>Les Liaisons</u> sont un cas typique de ce que Suleiman appelle "not saying enough", c'est-à-dire, la dissémination de la thèse par l'absence ou l'insuffisance des commentaires.[30] Pourtant, nous l'avons vu, cette "dissémination" n'est pas un effet du glissement de l'écriture dans la mesure où le but moral de Laclos réside justement dans la remise en cause du moralisme de la société, c'est-à-dire, la thèse apparente du "rédacteur": pour donner à Valmont le statut de héros de la tragédie, il ne faut pas qu'il soit condamné sans retour. Il est vrai que dès le début, l'éditeur qualifie Valmont de "scélérat". Pourtant, il ne souligne pas cette condamnation par d'autres commentaires plus directs. Au lieu de cela, il se contente de remarquer les perversions langagières de Valmont. D'abord, dans la lettre 58, le "rédacteur" commente:

> On croit que c'est Rousseau dans Emile, mais la citation n'est pas exacte, et l'application qu'en fait Valmont est bien fausse; et puis, madame de Tourvel avait-elle lu Emile? [31]

Cette note renvoie à un passage de Valmont où il fait allusion à Rousseau: "Un sage a dit que pour dissiper ses craintes il suffisait presque toujours d'en approfondir la cause".[32] Sans l'intervention du "rédacteur", le lecteur ne se serait pas aperçu de (la déformation de) la citation. Or, en remarquant la fausseté de l'application, le "rédacteur" non seulement rend justice à Rousseau mais aussi attire notre attention sur la duplicité de Valmont qui n'hésite pas à "profaner" le "sage" pour ses buts malhonnêtes.

Ce commentaire est donc un jugement moral déguisé en observation impartiale. Pourtant, ce jugement est pour ainsi dire bénin en ce sens que pour un lecteur qui a déjà lu les lettres de Valmont où il montre pleinement sa duplicité (par exemple les lettres 47 et 48 que nous avons examinées plus haut), l'application fausse d'un passage de Rousseau n'a rien de choquant. De plus, cette note contribue à créer une image positive de Valmont dans la mesure où elle attire l'attention sur l'habileté de Valmont dans le maniement du langage: ici comme dans la série des lettres 47/48, le lecteur admire l'ingénuité langagière de Valmont plutôt qu'il n'abhore la duplicité de son caractère.

Il en va de même pour la note de la lettre 6. Il s'agit ici d'un calembour de Valmont: "une prude craint de sauter le fossé".[33] Le "rédacteur" commente: "On reconnaît ici le mauvais goût des calembours, qui commençait à prendre, et qui depuis a fait tant de progrès".[34] Par ce commentaire, le "rédacteur" semble désaprouver le jeu de mots de Valmont, comme le montre l'emploi de l'adjectif péjoratif de "mauvais". Pourtant, l'ironie permet au "rédacteur" de faire un clin d'oeil au lecteur qui méprise les calembours. Car cette note sert aussi à protéger Valmont: d'un côté, elle suggère que comme ce goût est un phénomène social, Valmont n'en est pas le seul responsable; d'un autre côté, c'est un signe que fait l'auteur "in order for the reader not to jump to the premature and erroneous conclusion that Valmont lacks intelligence".[35]

Il est vrai que cet effritement du sens peut être purement imaginaire. Car l'interprétation ironique dépend moins de la preuve textuelle que de la perception qu'a le lecteur de l'auteur ou du système des valeurs de l'oeuvre. Si les notes des <u>Liaisons</u> prêtent à une interprétation ironique, c'est donc parce qu'il existe un décalage radical entre leur dénotation et l'image que le lecteur se fait de l'auteur que le "rédacteur" est censé personnifier. En ce sens, le mutisme du "rédacteur" n'est pas la cause la plus importante de l'ambiguïté. Plutôt, c'est le pouvoir contagieux des valeurs libertines que Wohlfarth appelle "[the] libertin analogy" [36] qui en est le plus responsable: comme les libertins qui n'acceptent aucune lettre au pied de la lettre, par analogie, le lecteur a tendance à mettre tout en doute, même le discours du "rédacteur".

L'interprétation de l'ironie dépend donc en grande partie du contexte. Ce caractère contextuel de l'ironie est le plus manifeste dans la préface des <u>Liaisons</u>. Car si on met en doute le moralisme apparent du "rédacteur", ce n'est pas parce qu'il ne le souligne pas assez, mais parce que son contexte le condamne: la contradiction trop visible des deux doubles de l'auteur ("l'éditeur" et le "rédacteur") non seulement rend le lecteur conscient de leur fictivité mais aussi lui apprend à se méfier de leur discours. En d'autres termes, en constatant leur caractère "unreliable", le lecteur commence à douter de ce que la corruption générale du langage contre laquelle le "rédacteur" le met en garde ne soit un phénomène universel du discours du roman, y compris celui de "l'éditeur" et du "rédacteur".

Dans les notes, il existe des cas semblables: à plusieurs endroits, le "rédacteur" semble délibérément chercher à provoquer la méfiance du lecteur en créant des désaccords visibles. La contradiction la plus apparente se trouve dans les commentaires qui regardent Danceny. Dans la première note sur Danceny, le rapport entre le "rédacteur" et ce personnage naïf est négatif, comme nous le voyons du fait que ce n'est que pour expliquer la suppression de ses lettres qu'il en fait mention. Selon le "rédacteur", les lettres de Danceny et de Cécile ne sont pas dignes d'être retenues parce qu'elles "sont peu intéressantes et n'annoncent aucun événement".[37] Nous voyons ici que le "rédacteur" représente l'antithèse de Rousseau. Car cette suppression présuppose un système de valeurs diamétralement opposé à celui de Rousseau: quand Rousseau s'extasie de la lettre "lâche, diffuse, toute en longueurs, en désordre, en répétitions"[38] d'un "amant vraiment passionné", le "rédacteur" n'y voit aucun intérêt.

Il est vrai que les lettres de Cécile et de Danceny n'ont pas l'élevation de style qui anime celles de Julie et de Saint-Preux. Pourtant, l'analyse des "lettres occultées" des <u>Liaisons</u> montre que ce n'est pas la qualité stylistique dont dépend le choix du "rédacteur". Plutôt, il semble que c'est le caractère transparent de la lettre qui soit cause de la suppression. Car comme le remarque Henri Coulet,

> [p]armi les lettres ainsi éliminées figurent toutes celles où un personnage aurait pu s'exprimer avec sincérité, dévoiler un fragment de la vérité enfermée

>   dans l'oeuvre. Chaque fois que l'un d'eux serait forcé
>   à une prise de conscience, sa lettre est symboliquement
>   occultée.[39]

Si le "recueil" que le "rédacteur" présente ne contient que des lettres où "tous les sentiments [...][sont] feints ou dissimulés", c'est donc moins l'épistolier individuel que le "rédacteur" qui en est responsable. Car la responsabilité finale tombe sur le "rédacteur" qui a supprimé toutes les lettres transparentes. Quand le "rédacteur" remarque la corruption générale du langage du roman, il envoie donc un double message: d'un côté il met le lecteur en garde contre la duplicité des épistoliers; de l'autre, il dévoile le principe même de son travail.

En ce sens, la note de la lettre 39 est à la fois un jugement sur Danceny et Cécile et un portrait du "rédacteur". Dans ce portrait, il ressemble aux libertins qui méprisent les lettres de ces "enfants": pour eux, elles sont "ennuyeuses" et souvent font "pitié". La lettre de Tourvel est mieux traitée, mais pas trop. Car, à un certain point, Valmont ne la distingue guère de celle de Cécile:

>   Vous vous doutez bien, sans que je vous le dise, que la
>   petite a répondu à Danceny. J'ai eu aussi une réponse de
>   ma belle, à qui j'avais écrit le lendemain de mon
>   arrivée. Je vous envoie les deux lettres. Vous les
>   lirez ou ne les lirez pas: car ce perpétuel rabâchage,
>   qui déjà ne m'amuse pas trop, doit être bien insipide
>   pour toute personne désintéressée.[40]

Le "rédacteur" semble partager ce mépris quand il supprime le second billet de Tourvel à Valmont "toujours bien rigoureux, et qui confirme l'éternelle rupture" [41] sans même se donner la peine d'en signaler la suppression.

De ce point de vue, le changement de ton qui se produit dans la note de la lettre 46 est d'autant plus surprenant qu'il se produit aux dépends du concept libertin du langage. Car, il s'agit ici de la valorisation du style spontané de l'amour. Le passage en question regarde l'effusion amoureuse de Danceny:

> Ce "je vous aime", que j'aimais tant à répéter quand je pouvais l'entendre à mon tour, ce mot si doux, qui suffisait à ma félicité, ne m'offre plus, si vous êtes changée, que l'image d'un désespoir éternel. Je ne puis croire pourtant que ce talisman de l'amour ait perdu toute sa puissance, et j'essaie de m'en servir encore. [42]

Le "rédacteur", qui quelque quinzaine de pages auparavant a écrit la note citée plus haut, se révèle ici le disciple de Rousseau en ajoutant à ce passage une note d'approbation: "Ceux qui n'ont pas eu l'occasion de sentir quelquefois le prix d'un mot, d'une expression, consacrés par l'amour, ne trouveront aucun sens dans cette phrase".[43]

Comment interpréter cette contradiction si manifeste? Est-ce qu'il s'agit d'ironie? le "rédacteur" se moque-t-il de Danceny? ou faut-il l'accepter au pied de la lettre?[44] En l'absence des autres preuves textuelles, on ne peut rien affirmer: car s'il est vrai que Danceny est un peu mieux traité par le "rédacteur" dans sa critique du style (Lettre 81), d'un autre côté, le mensonge et l'ignorance de ce "Céladon" sont mis à nu dans les notes du "rédacteur". Dans cette confusion pourtant, le lecteur comprend qu'il ne s'agit pas ici d'accepter ou de rejeter le jugement du "rédacteur" mais de mettre en cause le fondement même de ce jugement. Car devant une contradiction si apparente, le lecteur commence à mettre en question l'autorité de celui qui prononce le jugement.

Nous l'avons vu, l'autorité du "rédacteur" est systématiquement affaiblie dans la préface. D'abord, sur le plan rhétorique, il n'a pas l'autonomie du narrateur extradiégétique dans la mesure où encadré par "l'Avertissement de l'Editeur", son instance narrative est reléguée au plan secondaire: à la différence de l'éditeur dont la préface constitue le premier contact du lecteur avec le roman, il est lui-même introduit par un autre. De plus, son introduction est faite sous un jour négatif. Car, "l'éditeur" qui l'introduit commence par réfuter sa prétention à l'authenticité: "Nous croyons devoir prévenir le public, que, malgré [...] ce qu'en dit le rédacteur dans sa préface, nous ne garantissons pas l'authenticité de ce recueil [...]". D'emblée, le "rédacteur" perd toute crédibilité auprès du lecteur: à entendre "l'éditeur", il est soit menteur, soit un personnage fictif.

Sur le plan référentiel, l'autorité du "rédacteur" n'est guère plus ferme. Car dans sa "Préface", il se montre comme quelqu'un qui n'est pas autonome: il est subordonné à ceux qui le "chargent" de "mettre en ordre" les lettres. Il n'a même pas la liberté de travailler à sa guise. Car, selon lui, il n'était pas "le maître" de la correction du style. Le "rédacteur" est donc un personnage doublement dépourvu de responsabilité: il n'est ni le maître d'oeuvre ni celui du manuscrit.

De ce point de vue, l'emploi du pronom dans la double préface est révélateur: tandis que "l'éditeur" entretient un "rapport officiel" en employant "nous", "le "rédacteur" accentue sa subjectivité en utilisant le pronom personnel "je". Il est vrai que "le rapport personnel" ne signifie pas nécessairement le manque d'autorité. Nous l'avons vu, l'autorité de Rousseau comme éditeur est renforcée par le fait qu'il se montre toujours tel qu'il est. Dans <u>Les Liaisons</u> pourtant, le "je" du "rédacteur" rend plus vulnérable le statut déjà affaibli de ce personnage. Car contrasté avec le "nous" de "l'éditeur", ce pronom souligne son infériorité par rapport à ce dernier et met en valeur le subjectivisme fondamental du "rédacteur".

Cette situation change à mesure que nous passons de la préface au corps du roman: le "rédacteur" qui disait "je" dans la préface change de ton en employant le pronom "on", dans les notes qui accompagnent les lettres des épistoliers. Cette transition donne l'impression d'un aggrandissement de l'autorité du "rédacteur". Car, comme nous l'avons vu, "le rapport officiel" produit l'effet d'une plus grande objectivité que "le rapport personnel". Désormais, le "rédacteur" n'est plus le préfacier irresponsable qui n'a même pas de contrôle sur le texte qu'il édite. Mais c'est un personnage privilégié que la convention romanesque a promu à un statut qui s'approche de celui du narrateur omniscient.

Cependant, ce renforcement de l'objectivité n'est qu'une illusion. Car quelle autorité pourrait avoir sur nous le "rédacteur" quand nous savons déjà que c'est un personnage non seulement irresponsable mais aussi d'une identité suspecte? Il est vrai que le changement de pronom n'a rien d'exceptionnel en lui-même en ce sens que dans un roman à éditeur, on remarque souvent une transition semblable. Dans Le Paysan perverti de Restif de la Bretonne par exemple, ce n'est pas seulement "l'éditeur" mais aussi Pierre R**, le personnage-éditeur, qui change de ton une fois dépassé la limite de la préface. Ce qui différencie Les Liaisons de la pratique générale de l'éditeur pourtant, c'est le fait qu'ici, le changement de pronom est précédé d'un rabaissement systématique de l'autorité du "rédacteur". Aussi est-il difficile de ne pas y voir un acte intentionnel de l'auteur. D'ailleurs, qu'est-ce qui distingue la parodie, sinon le caractère outré de l'imitation?

En effet, dans Les Liaisons, tout est parodié: la littérature (surtout La Nouvelle Héloïse); la fonction aristocratique; le style militaire, etc.. Nous ajoutons à cette liste une composante de plus, en proposant que Les Liaisons parodient la convention de l'éditeur: la contradiction, la stupidité et l'ironie qui caractérisent le "rédacteur" des Liaisons ne sont pas seulement un moyen de mettre en cause le discours du "rédacteur"; plutôt, elles font partie du processus général de la démystification qui s'effectue dans cette oeuvre. Le mythe que Laclos attaque ici, c'est l'autorité de l'éditeur: en créant une rupture, il invite le lecteur à sortir du "suspension of disbelief", que la convention littéraire lui impose. En ce faisant, il met à nu la convention de l'éditeur qui se base sur l'illusion de l'objectivité impersonnelle du personnage de l'éditeur. Car de même que derrière le "on" des notes, il se cache un "je" dépourvu d'autorité, l'auteur du roman à éditeur cache derrière l'objectivité apparente de l'éditeur une supercherie littéraire qui n'est qu'un trompe-l'oeil.

CONCLUSION: LE ROMAN A EDITEUR ET L'IDEOLOGIE SEXUELLE

La situation rhétorique du roman à éditeur se révèle d'une structure paradoxale, la fiction de l'éditeur servant à la fois de condition nécessaire et d'obstacle pour la communication littéraire de l'oeuvre: si la fiction de l'éditeur vise à une communication immédiate entre les personnages-narrateurs et le lecteur en présentant le "document" comme un matériau brut de la vie, dégagé de toute médiation littéraire (celle de l'auteur par exemple), la présence de l'éditeur détruit cette immédiateté, lui-même constituant un niveau intermédiaire de la communication. L'éditeur joue donc un double rôle dans la lecture. D'abord, il facilite l'identification du lecteur avec les personnages en ce sens que l'intérêt du lecteur est d'autant plus vif qu'il prend les personnages pour de vraies personnes. Pourtant, cette identification est constamment menacée par l'intervention de l'éditeur dont la présence rappelle au lecteur l'existence du monde extérieur, et ainsi le distancie du texte qu'il lit.

Nous l'avons vu, dans <u>La Nouvelle Héloïse</u> et <u>Les Liaisons</u>, l'éditeur crée une distance ironique entre le lecteur et les personnages par les notes où il les juge, critique et dévoile leur mauvaise foi. Dans <u>La Religieuse</u> et dans d'autres romans à éditeur où l'éditeur n'est pas aussi omniprésent dans le texte, nous constatons, quoiqu'à un moindre degré, le même effet de distanciation. La Préface-Annexe de La Religieuse détruit rétroactivement l'identification du lecteur avec Suzanne tandis que dans La Vie de Marianne et les Lettres de la Marquise, la préface de l'éditeur où il juge le moral et le style de Marianne et de la Marquise les réifie en les présentant comme un objet de la discussion morale et esthétique.

Jay Caplan voit ce paradoxe provenant de l'esthétique du roman de l'âge classique: à cette époque, le roman fonctionne "as a sort of social hygiene, regulating the historically new realm of the individual body, of 'private expèrience', by labeling it as only reasonable facsimile (finzione) of experience".[1] D'après ce concept du roman, l'illusion et la distance vont de pair:

> [a]s a discursive strategy, the novel allows individual bodies to communicate with each other; it reveals and sometimes even 'moves' these bodies, but it also tries to keep them at a reasonable distance from each other. [2]

Au début du XVIIIe siècle, cette distanciation s'effectue dans la préface du roman où l'auteur met l'accent sur le fait que son roman est destiné seulement aux "'mature' readers [...] who don't need to be reminded that 'It's only a story'".[3]

Ce qui augmente le paradoxe du roman à éditeur pourtant, c'est le fait que le propre du roman à éditeur réside justement dans la prétention que "Ceci n'est pas un conte" pour citer Diderot: ici, le romancier se trouve dans une impasse: en prétendant que son roman est un "portrait" authentique de l'expérience privée, il met en danger sa valeur universelle. Aussi, dans la Préface de Clarissa, Richardson s'abstient-il de mettre en valeur l'authenticité de son oeuvre en ne faisant aucune mention du statut réel des lettres qu'il publie.

Selon Terry Eagleton, ce silence est essentiel pour le but moral que se propose Richardson:

> If Clarissa is taken as real it may be received as simply one more history, without representative value, and the whole ideological project would be accordingly scuppered. Yet if the reader is alerted in advance to its fictionality, the work will suffer in 'experiential' power.[4]

Nous pouvons dire la même chose pour La Nouvelle Héloïse et La Religieuse. Nous l'avons vu, l'ambiguïté de Rousseau et la destruction de l'illusion littérale chez Diderot sont des moyens de mettre en valeur la vérité universelle de leur roman.

En ce sens, l'instance narrative de l'éditeur sert de cadre au document non seulement sur le plan narratif (comme récit primaire qui encadre le récit principal du personnage) mais aussi sur le plan interprétatif (comme un "cadre de la lecture"). Si l'éditeur introduit le personnage-narrateur au lecteur, cette introduction n'est donc pas neutre; elle indique un système spécifique de valeurs que le lecteur doit s'approprier pour lire "correctement" le texte. Ce système de valeurs diffère d'un éditeur à l'autre. Nous l'avons vu, Rousseau-éditeur incarne l'homme de la nature tandis que "le rédacteur" des Liaisons représente le moralisme de la société contemporaine. Pour Diderot, la question réside moins dans le problème moral que dans la théorie du roman: la Préface-Annexe n'est pas un cadre moral, mais un cadre esthétique.

Un dénominateur commun à la position idéologique de tous ces éditeurs, c'est leur idéologie sexuelle, qui fait des femmes un objet. Il est vrai que dans la culture occidentale, la distanciation est associée avec le caractère masculin. Selon Jay Caplan, il existe un "rhetorical sex": "identifying with others" est essentiellement "[a] feminine pleasure" tandis que "maintaining a critical detachement" est un attribut masculin.[5] Pourtant, ce qui nous intéresse ici n'est pas la question de savoir si "la distanciation" est en elle-même une capacité masculine. Plutôt, il s'agit de constater que l'éditeur crée par son intervention une "distance masculine": l'éditeur invite le lecteur à se distancer des personnages (qui sont le plus souvent des femmes) pour s'assimiler à la position détachée de l'éditeur (c'est-à-dire, d'un homme).

Dans *La Religieuse*, Carolyn Durham remarque un changement idéologique qui s'effectue dans l'espace entre les mémoires de Suzanne et la Préface-Annexe: dans cet intervalle, l'histoire de la persécution d'une femme innocente devient "a boyish prank at a woman's expense".[6] Il est vrai que le dévoilement de la mystification a un but esthétique: en détruisant l'illusion littérale, Diderot fait voir au lecteur la possibilité d'une vérité proprement romanesque. Pourtant, comme nous l'avons vu, au cours de cette transition, les mémoires de Suzanne perdent une partie de leur autonomie pour devenir un prétexte pour le texte masculin, c'est-à-dire, d'abord celui de Grimm qui raconte l'histoire de la mystification du Marquis de Croismare, ensuite, celui de Diderot qui transforme l'histoire de Suzanne en une discussion sur l'esthétique romanesque.

Dans le roman du XVIIIe siècle, si on constate une "feminization of discourse",[7] cela ne signifie pas que le discours féminin est libéré du discours masculin. Car, sur le plan langagier ainsi que sur le plan social, comme Terry Eagleton le remarque d'ailleurs, "[m]ale hegemony was to be sweetened but not undermined; women were to be exalted but not emancipated".[8] Le roman à éditeur met en abîme cette limitation: dans le roman à éditeur, la voix féminine n'est pas émancipée, étant toujours subordonnée à la voix masculine, c'est-à-dire, celle de l'éditeur dont l'omniprésence symbolise "[the] male hegemony" de la société. En d'autres termes, si le roman à éditeur permet au lecteur de pénétrer dans le for intérieur de l'héroïne, ce n'est qu'après que le discours féminin est passé par la censure de la vision masculine de l'éditeur.

"La distance masculine" vis-à-vis des femmes est la plus visible chez Laclos. Dans Les Liaisons, les personnages féminins se prêtent à une double fragmentation: "l'éditeur" ainsi que le "rédacteur" les relègue à un statut d'objet en les jugeant comme exemples de stéréotypes féminins, dégagés de toute individualité. Dans "l'Avertissement", Cécile n'est désignée que comme une "demoiselle, avec soixante mille livres de rente", et Mme de Tourvel n'est, pour "l'éditeur", qu'une "présidente, jeune et jolie" qui "[meurt] de chagrin". De plus, le "rédacteur" fait de leur sort une leçon morale pour les lectrices:

> l'une [des leçons], que toute femme qui consent à recevoir dans sa société un homme sans moeurs, finit par en devenir la victime; l'autre, que toute mère est au moins imprudente, qui souffre qu'un autre qu'elle ait la confiance de sa fille.[9]

Le préjugé masculin est le plus manifeste dans la façon dont "l'éditeur" et le "rédacteur" jugent les personnages vicieux du roman. Car si "l'éditeur" condamne la Marquise de Merteuil dans la note finale, en qualifiant ses malheurs de "punition" juste, le "rédacteur" s'abstient de prononcer sur Valmont en supprimant la lettre que celui-ci écrit à Mme de Volanges (L. 154): en adhérant à l'interprétation de Mme de Volanges, personnage peu sympathique et même stupide, le "rédacteur" invite le lecteur à croire à la "conversion" de Valmont. En ce sens, "[the] male bonding" dont parle Peter Conroy,[10] ne se trouve pas seulement dans le rapport entre les personnages masculins du roman (entre Valmont et Danceny) mais aussi dans celui entre Valmont et l'éditeur et entre l'éditeur et le lecteur masculin: de même que Danceny venge Valmont en "publiant" deux lettres de Merteuil, par la publication du "recueil", "l'éditeur" et le "rédacteur" achèvent la punition de la Marquise qui a osé transgresser la loi de la société, c'est-à-dire, une loi "structured according to the prerogatives of masculine desire".[11]

Pourtant, l'expression la plus puissante de l'idéologie sexuelle de la fiction de l'éditeur ne réside pas dans la préface et les notes. Car dans le roman épistolaire polyphonique, c'est par la disposition des lettres que l'éditeur impose le plus efficacement sa vision masculine sur le lecteur. Nous l'avons vu, dans <u>Les Liaisons dangereuses</u>, l'éditeur fait s'identifier le lecteur à Valmont. De plus, cette identification s'effectue aux dépens des personnages féminins. Dans la série des lettres 21/22 où il est question de la fausse générosité de Valmont, le lecteur se distancie de Mme de Tourvel pour embrasser le point de vue du séducteur: la lettre de Tourvel étant comme encadrée par celle de Valmont, sa voix ne parvient au lecteur qu'après avoir été médiatisée par une voix masculine. Dans la série 47/48, ce n'est pas seulement l'autonomie de l'épistolière mais son intégrité individuelle qui est mise en cause. Car ici, il s'agit de la lettre écrite sur le dos d'Emilie: Tourvel devient un objet de risée non seulement pour Emilie et la Marquise mais aussi pour le lecteur. Il en va de même pour Cécile. Dans la série 96/97, malgré la gravité du sujet (le viol de Cécile), le lecteur ne ressent pas pleinement l'horreur de la situation à mesure qu'il développe une complicité avec Valmont pour qui le viol de la jeune fille n'est qu'une "distraction que [sa] solitude [lui] rendait nécessaire".[12]

Par contre, l'organisateur empêche la réification de Valmont en focalisant l'oeuvre sur lui non seulement quand il voit clairement mais aussi quand il s'aveugle. Nous l'avons vu, dans la série 100/102, si le lecteur partage la confusion de Valmont devant la fuite de Tourvel, il n'a pas assez de distance pour rire de sa déconfiture. L'organisation des Liaisons met donc en valeur la limite de Laclos comme "female impersonator".[13] Si Laclos se met à la place des femmes pour imiter une voix féminine, cette voix est toujours subordonnée à la voix masculine (soit celle de Valmont, soit celle du "rédacteur") qui lui donne sa signification définitive en servant de contexte où elle s'insère.

    Dans La Nouvelle Héloïse, cette centralité de la vision masculine se manifeste dans les en-têtes. Nous l'avons vu, en intitulant la correspondance entre Julie et Saint-Preux par le seul nom de Julie, Rousseau met le lecteur à la place de Saint-Preux, reléguant ainsi Julie à un statut d'objet. Ce n'est donc pas Julie mais Saint-Preux qui occupe la place centrale du roman: si Julie est au centre du monde enchanté de Clarens, au niveau du récit, il s'effectue un déplacement du centre de gravité; dans le texte du roman, le centre appartient à Saint-Preux autour duquel s'organisent les lettres. De ce point de vue, la structure narrative de La Nouvelle Héloïse ne diffère pas grandement de celle de Manon Lescaut où le récit est focalisé sur Des Grieux quoique, bien entendu, le personnage principal de l'histoire soit Manon, l'amante mystérieuse de Des Grieux. Selon Bernadette Fort, la narration de Des Grieux prive Manon de toute réalité "outside the hero's discourse" non seulement parce que le récit focalisé sur Des Grieux automatiquement relègue Manon à un statut d'objet mais aussi parce que Des Grieux "occlude" le discours de Manon par sa médiation:[14]

> the result of the predominant use of ´discours narrati-
> visé´ for Manon´s utterances is to remove her as a
> speaking subject from the text, and to lead the reader
> to the conclusion that she possesses no tangible iden-
> tity apart from the way in which Des Grieux tells us
> that she affected his feelings and influenced his life.
> [15]

Il est vrai qu´à la différence de Manon, la forme polyphonique de La Nouvelle Héloïse permet à Julie de parler de sa propre voix. Malgré cette différence de degré pourtant, il existe une affinité fondamentale dans le statut textuel des deux héroïnes: toutes les deux servent plus de point de mire des regards que de foyer central de la vision. Car doublement encadrée par les voix masculines (celles de Rousseau et de Saint-Preux), la voix de Julie, tout comme celle de Manon, perd son autonomie. En ce sens, la censure masculine à laquelle Julie se prête volontaire- ment quand elle soumet sa lettre à Wolmar se réalise à l´exté- rieur du monde romanesque, d´abord sous la main du personnage- éditeur (Saint-Preux), ensuite sous celle de Rousseau qui, tout en exaltant le charme de Julie, ne lui donne qu´une place subor- donnée dans le récit.

Le roman à éditeur donc marque la limite du féminisme du XVIIIe siècle dont la manifestation la plus visible réside, selon Georges May, dans le fait que "tous les hommes de lettres s´ac- cordèrent à exalter la femme":[16] si en parlant par la voix féminine, l´auteur masculin rend hommage à la qualité féminine, cette imitation ne va pas jusqu´à l´identification. L´auteur masculin qui s´efface derrière ses personnages féminins revendique son droit à la parole dans le cadre du roman où en tant qu'éditeur, il transforme le texte des femmes en un "heroine's text", c'est-à-dire, en une "fictionalization of what is taken to be feminine at a specific cultural moment".[17]

En ce sens, Carolyn Durham prononce sur le sort commun de la voix féminine du roman à éditer quand elle remarque le paradoxe de la communication littéraire des deux "feminocentric texts", à savoir, <u>La Religieuse</u> et <u>Paul et Virginie</u>:"[...] women need the mediation of men to be heard; in the process [they] loose their voices".[18] Selon Durham, "herstory" ainsi réduite au silence donne lieu à une "history", c'est-à-dire, "a limited and limiting male view of women".[19] Sous ce jour, l'objectivité apparente de l'éditeur n'est qu'une autre forme de la subjectivité. Car dans la littérature comme ailleurs, l'objectivité qui passe pour une vérité universelle n'est, le plus souvent, qu'une vérité masculine et ainsi fait partie de l'idéologie sexuelle qui relègue la femme et le féminin à la place de l'éternel deuxième sexe.

NOTES ET REFERENCES

INTRODUCTION

1. Sur la confusion entre l'illusion imaginaire et l'illusion littérale au XVIIe et XVIIIe siècle, voir Vivienne G. Mylne, The Eighteenth-Century French Novel: Techniques of Illusion, second edition, Cambridge, Cambridge University Press, 1981, p. 10.

2. Genette, Gérard. Figures III, Paris, Seuil, 1972, pp. 238-241, & Nouveau Discours du Récit, Paris, Seuil, 1983, pp. 55-64.

3. Maubert de Gouvest, Jean-Henri. L'Ami de la Fortune ou Mémoires du Marquis de S. A***, Londres, Jehan Nourse, 1754, "L'Editeur au Public".

4. Pour le terme "prolepses", voir Gérard Genette, Figures III, pp. 105-114.

5. Maubert de Gouvest, Jean-Henri. L'Illustre Païsan ou Mémoires et Avantures de Daniel Moginié, natif du village de Chezales au canton de Berne, bailliage de Moudon, Mort à Agra le 22 mai 1748, âgé de 39ans; Omrah de la 1re classe, Commandant de la seconde garde mogole, grand portier du palais de l'empereur, et Gouverneur de Palngëab; Où se trouvent plusieurs particularités, Anecdotes des dernières Révolutions de la Perse & de l'Indostan, & du règne de Thamas-Kouli-Kan. Ecrit & adressé par lui-même à son Frère François, son Légataire & Publiés par Mr. Maubert. A Lausanne, Au Dépens de la Compagnie, 1761 (1'édition originale, 1754).

6. ibid., p. 5.

7. ibid., pp. 12-13.

8. Smollett, Tobias. Humphry Clinker, New York, New American Library, 1960, p. xiv.

9. Loaisel de Tréogate. Valmore, Anecdote française, Paris, Moutard, 1776, p. 5.

10. Framery, Nicolas-Etienne. Mémoires de M. le Marquis de S. Forlaix, recueillis dans les lettres de sa famille par M. Framery, Paris, Fétil, 1770.

11. ibid., 4e partie, p. 224.

12. Restif de la Bretonne, Nicolas-Edme. <u>La Paysanne Pervertie ou les Dangers de la Ville</u>, Paris, Garnier-Flammarion, 1972.

13. Lefebvre de Beauvray, Cl-R.. <u>Histoire de Miss Honora ou le Vice dupe de Lui-même</u>..., Amsterdam & Paris, Durand, 1766, 5 tome en 2 vol.

14. ibid., vol 2, pp. 8-9.

15. ibid., vol 2, p. 24.

16. May, Georges. <u>Le Dilemme du roman au XVIIIe siècle: Etude sur les Rapports du Roman et de la Critique (1715-1761)</u>, New Haven, Yale University Press & Paris, PUF, 1963.

17. Mylne, Vivienne G.. <u>The Eighteenth-Century French Novel: Techniques of Illusion</u>, second edition, Cambridge, Cambridge University Press, 1981.

18. ibid., p. 10.

19. Stewart, Philip. <u>Imitation and Illusion in the French Mémoires-Novel, 1700-1750: The Art of Make-Believe</u>, New Haven and London, Yale University Press, 1969, pp. 60-101.

20. Altman, Janet Gurkin. <u>Epistolarity: Approaches to a Form</u>, Columbus, Ohio State University Press, 1982.

21. ibid., p. 182.

22. Les citations non autrement indiquées renvoient aux éditions suivantes:

>Diderot, Denis. <u>La Religieuse, Oeuvres Complètes de Diderot</u>, Paris, Herman, 1975, Vol XI (Fiction III).

>Rousseau, Jean-Jacques. <u>Julie ou La Nouvelle Héloïse</u>, Paris, Garnier Frères, 1960.

>Choderlos de Laclos, Pierre-Ambroise-François. <u>Oeuvres Complètes</u>, Paris, Gallimard, 1979.

I. LES FONCTIONS DE L´EDITEUR

1. Restif de la Bretonne. <u>La Paysanne pervertie</u>, Paris, Garnier-Flammarion, 1972, "L´Avis trouvé à la tête du recueil".

2. Selon Susan Suleiman, la présence de l'éditeur fait du roman épistolaire un roman encadré: "Epistolary novels, [...] are always frame narratives, with the letter-writers and their correspondents functioning as second-level narrators and narratees. The first-level narrator is the "editor", and the first-level narratees are his public". (Susan Suleiman, "Of Readers and Narratees: The Experience of Pamela", L'Esprit Créateur, 21 [1981], p. 93)

3. Genette, Gérard. Figures III, Paris, Seuil, 1972, pp. 238-241. & Nouveau Discours du Récit, Paris, Seuil, 1983, pp. 55-64.

4. Genette, Gérard. Figures III, p. 240.

5. Ringler, Susan Jane. Narrators and Narrative Contexts in Fiction, Thèse de doctorat, Stanford University, 1981, pp. 94-99.

6. ibid., pp. 96-99.

7. Montesquieu. Lettres persanes, Paris, Garnier-Flammarion, 1964, "Introduction".

8. Belvo. Lettres au Chevalier de Luzeincour par une Jeune Veuve, Londres, 1769, "Le Copiste au Lecteur".

9. Stewart, Philip. Imitation and Illusion in the French Mémoires-Novel, 1700-1750: The Art of Make-Believe, New Haven and London, Yale University Press, 1969, p. 65.

10. Beaudoin de Guémadeuc. L'Espion dévalisé, Londres, 1782, "Avertissement".

11. Baret, Paul. Foka, ou les Métamorphoses, Conte chinois dérobé à M. de V***, à Pékin et à Paris, Veuve Duchesne. 1777.

12. Chevrier, François-Antoine. Minakalis, Fragment d'un Conte siamois, Londres, 1752.

13. Anonyme. Saroutaki et Alibek, Histoire traduite du Persan, à l'Orient, aux dépens de la Compagnie, 1752.

14. Rousseau, Jean-Jacques. Julie ou la Nouvelle Héloïse, Paris, Garnier Frères, 1960, p. 682 (XI, 8).

15. Choderlos de Laclos, Pierre-Ambroise-François. Oeuvres complètes, Paris, Gallimard, 1979, p. 118 (L. 59).

16. Richardson, Samuel. Clarissa, or the History of a Young Lady, Middlesex, Viking, 1985, p. 698 (Lettre 217.2).

17. Restif de la Bretonne, Nicola-Edme. La Paysanne pervertie, Paris, Garnier-Flammarion, 1972, p. 61.

18. Choderlos de Laclos. Oeuvres Complètes, p. 80.

19. Marivaux. La Vie de Marianne ou les Aventures de Madame la Comtesse de ***, Paris, Garnier-Flammarion, 1978, "Avertissement".

20. Restif de la Bretonne. La Paysanne pervertie, "Avis trouvé à la Tête du Recueil".

21. Mme Beccari. Lettres de Milady Bedfort, traduites de l'anglais; par Madame de B... G..., Paris, De Hansy le Jeune, 1769, p. 290.

22. Scott, Sir Walter. Redgauntlet, a Tale of the Eighteenth Century, Paris, Baudry's Foreign Library, 1832, p. 159 (l'édition originale, 1824).

23. D'Aubignac, l'abbé. Le Roman des Lettres, Paris, Baptiste Loyson, 1667, pp. 38-39.

24. Crébillon, fils, Claude-Prosper Jolyot de. Lettres de la marquise de M*** au comte de R***, Collection complète des Oeuvres de M. de Crébillon, fils, Londres, 1777, tome premier, "Extrait d'une Lettre de Madame de ***, à M. de ***".

25. Pourtant, il est souvent difficile de déterminer la part du choix, car le choix est une activité hypothétique de l'organisateur sauf quand il est mis en valeur par une remarque particulière dans le roman. Cette remarque d'ailleurs fait partie des fonctions de l'annotateur, parce que si l'organisateur choisit, c'est l'annotateur qui explique ce choix.

26. Versini, Laurent. Laclos et la Tradition: Essai sur les Sources et la Technique des 'Liaisons dangereuses', Paris, Klincksieck, 1968, p. 275.

27. Genette, Gérard. Seuils, Paris, Seuil, 1987, pp. 54-62 & p. 271.

28. ibid., pp. 65-66.

29. ibid., p. 71.

30. ibid., p. 71.

31. Rousseau, Jean-Jacques. La Nouvelle Héloïse, "Préface".

32. Sur le thème d'Héloïse et son influence sur la lecture, voir David L. Anderson, "Aspects of motif in La Nouvelle Héloïse", Studies on Voltaire and the Eighteenth-Century, 94 (1972), p. 34.

33. Sainte-Beuve. Volupté, Paris, Garnier-Flammarion, 1969, "Préface".

34. Seylaz, Jean-Luc. 'Les Liaisons dangereuses' et la Création romanesque chez Laclos, Genève, Droz, 1958, p. 84.

35. ibid., p. 84.

36. Genette, Gérard. Seuils, p. 8.

37. ibid., p. 273.

38. Restif de la Bretonne, Nicolas-Edme. Le Nouvel Abeilard; ou Lettres de deux amans qui ne se sont jamais vus, Neuchâtel, Veuve Duchesne, 1783, tome 1, p. 49.

39. Seylaz, Jean-Luc. op. cit., p. 34.

40. Conroy, Peter V. jr.."Crébillon fils; techniques of the novel", Studies on Voltaire and the Eighteenth-Century, 99 (1972), p. 70.

41. Restif de la Bretonne. La Paysanne pervertie, p. 71.

42. Fielding, Henry. Joseph Andrews, Boston, Houghton Mifflin Company, 1969, p. 145.

43. Todorov, Tzvetan. Littérature et Signification, Paris, Larousse, 1967, pp. 14-19.

44. ibid., p. 17.

45. Richardson, Samuel. Clarissa, or the History of a Young Lady, Middlesex, Viking, 1985, pp. 742-869 (Lettres 229-252).

46. Choderlos de Laclos. Oeuvres complètes, p. 133 (L. 66).

47. Genette, Gérard. Figures III, pp. 261-263.

48. Restif de la Bretonne. La Paysanne pervertie, p. 484 (L. 151).

II. LA FICTION DE L´EDITEUR ET LA THEORIE DU ROMAN: L´EDITEUR DANS LA PREFACE DU ROMAN

II.1. INTRODUCTION

1. Prévost. L´Histoire d´une Greque moderne, Amsterdam, Desbordes, 1740.

2. Selon Jones, environ 200 des 946 ouvrages publiés pendant cette période sont en forme de mémoires. (Jones, Silas Paul. A List of French Prose Fiction from 1700 to 1750, New York, H.W. Wilson Co., 1939. cité dans Philip Stewart, Imitation and Illusion in the French Memoir-Novel, 1700-1750: The Art of Make-Believe, p. 20)

3. Kelly, Michael Joseph. The Functional English Preface Through the Eighteenth Century, Thèse de doctorat, University of Massachusetts, 1968, p.36.

4. ibid., p. 170.

5. ibid., pp. 177-80.

6. Caylus, Anne-Claude-Phillippe de Tubière, comte de. Histoire de Guilleaume, "Le libraire à qui a lu", cité dans Stewart, op.cit., p. 61.

7. Stewart. op. cit., p. 30.

8. Darton, Robert. The Great Cat Massacre and Other Episodes in French Cultural History, New York, Basic Books, 1984, pp. 245-248.

9. Legge, June Moreland. Prefatory Conventions in French Prose Fiction (1760-1767): Some Quantitative Observations, Thèse de doctorat, University of North Carolina, Chapel Hill, 1972.

10. Voir surtout, Réal Ouellet, "La Théorie du roman épistolaire en France au XVIIIe siècle" Studies on Voltaire and the Eighteenth Century, 89 (1972), pp. 1209-1227; Moses Ratner, Theory and Criticism of the Novel in France from "L´Astrée" to 1750, New York: De Palma, 1938.

11. Sekrecka, Mieczyslawa. "L´ascension du roman au XVIIIe siècle", Romanica Wratislaviensia, 10 (1975), pp. 54-57.

12. Selon Legge, sur 248 romans publiés pendant la période de 1760-1767, 194 (78 %) romans contient une sorte de préface

(op.cit., p. 12).

13. Legge. op. cit., p. 16.

14. Anonyme. <u>Confidences à une Amie, ou Aventures galantes</u> d'un <u>Militaire</u>, Ecrites par lui-même, Genève, Aux dépens & avec l'approbation de l'Auteur, 1763, "Préface".

15. Beliard, François. <u>Rézéda, Ouvrage orné d'une post-face</u>, par M. B***, Amsterdam, par la Compagnie, "Post-face".

16. ibid, "Post-face".

17. Rousseau, Jean-Jacques. <u>La Nouvelle Héloïse</u>, p. 737.

18. Pour le terme "paratexte", voir Gérard Genette, <u>Palimpseste: La Littérature au Second Degré</u>, Paris, Seuil, 1982 pp. 9-10, et aussi <u>Seuils</u>, pp. 7-19.

19. Legge, op. cit., p. 45.

20. ibid., p. 42 et 61.

21. Gershman, H. S. et Whitmore, K. B. (éd). Introduction, <u>Anthologie des Préface de Romans français du XIXe siècle</u>, Paris, Julliard, 1964, p. 15.

22. Legge. op.cit., pp. 61, 152.

23. Baret, Paul. <u>Le Grelot, ou les &c. &c.</u>, ouvrage dédié à moi, Partout, au dépens du public, 1762, cité dans Legge, op.cit., p. 151.

24. Anonyme. <u>Inconnu, Roman véritable, ou Lettres de M. L'Abbé de *** et de Mademoiselle B***</u>, La Haye, 1765, "Avertissement des Editeurs".

25. ibid., "Avertissement des Editeurs".

26. Contant d'Orville, André-Guillaume, <u>L'Enfant trouvé; ou Mémoires de Menneville</u>, La Haye, 1763, "Avertissement".

27. ibid., "Avertissement".

28. Stewart, Philip. op. cit., p. 238.

29. Legge. op. cit., p. 142.

30. Anonyme. <u>Intrigues historiques et galantes du serrail</u> [sic] <u>sous le règnes de l'empereur Selim</u>, La Haye et Paris, Duchesne, 1762.

31. May, Georges. Le Dilemme du Roman au XVIIIe Siècle: Etudes sur les Rapports du Roman et de la Critique (1715-1761), New Haven, Yale University Press, 1963.

32. Legge, op. cit., p. 176.

33. ibid., p. 193.

34. Rustin, Jacques. "Mensonge et Vérité dans le Roman français du XVIIIe siècle", Revue d´Histoire Littéraire de la France, 69 (1969), p. 57.

II.2. UN ROMAN EPISTOLAIRE EN RACCOURCI:
      LA PREFACE-ANNEXE DE LA RELIGIEUSE

1. Mylne, Vivienne. Diderot, ´la Religieuse´, London, Grant & Cutler Ltd., 1981, p. 11.

2. Diderot, Denis. La Religieuse, Oeuvres Complètes, Herman, Paris, 1975, vol XI, p. 40.

3. Choderlos de Laclos, Pierre-Ambroise-François. Oeuvres Complètes, Paris, Gallimard, 1979, p. 351 (L. 153).

4. Sur la vogue de la mystification à cette époque, voir Roger Kempf, Diderot et le Roman, Paris, Seuil, 1964, pp. 212-222.

5. Sur la véracité du récit de Grimm, voir Vivienne Mylne, "Truth and Illusion in the ´Préface-Annexe´ to Diderot´s la Religieuse", Modern Language Review, 57 (1962), pp. 350-356.

6. Dieckmann, Herbert. "La Préface-Annexe de La Religieuse", Diderot Studies, II (1952), pp. 21-40.

7. Mylne, Vivienne G.. "Truth and Illusion in the ´Préface-Annexe´ to Diderot´s la Religieuse", pp. 350-356.

8. Lizé, Emile. "La Religieuse, un roman épistolaire?", Studies on Voltaire and the Eighteenth Century, XCVIII (1972), p. 147.

9. Paris, Valade, 1773.

10. Stewart, Joan Hinde. Introduction, Lettres de Mistriss Fanni Butlerd, par Mme Riccoboni, Genève, Droz, 1979, p. ix.

11. Yahalom, Shelly. "Du non-littéraire au littéraire: sur l´élaboration d´un modèle romanesque au XVIIIe siècle", Poétique, 11 (1980), p. 423.

12. Voir surtout, Jacques Rustin: "Mensonge et Vérité dans le Roman français du XVIIIe siècle", <u>Revue d´Histoire Littéraire de la France</u>, 69 (1969), pp. 13-28; Georges May, "Histoire a-t-elle engendré le Roman? Aspects français de la Question au Seuil du Siècle des Lumières", <u>Revue d´Histoire Littéraire de la France</u>, 55 (1955), pp. 155-176; Peter V. Conroy jr., "Real Fiction: Authenticity in the French Epistolary Novel", <u>Romanic Review</u>, 72 (1981), pp. 409-24.

13. Dieckmann accentue cette usurpation en remarquant: "Ayant été l´auteur du ´mémoire´ de la jeune religieuse, il se fait l´auteur du récit ainsi que des lettres qui avaient à la fois précédé et accompagné la rédaction du mémoire" (Introduction à la Préface de <u>La Religieuse</u>, <u>La Religieuse</u>, p. 20).

14. Dieckmann, Herbert. "The Préface-Annexe of <u>La Religieuse</u>", <u>Diderot Studies</u>, 2 (1952), p. 31.

15. Pour la description complète de la correction de Diderot, voir les notes de <u>La Religieuse</u>, Paris, Herman, 1975.

16. ibid., p. 27. Pour les détails historiques de la révision, voir aussi Jean Parrish, "Conception, Evolution, et Forme finale de <u>La Religieuse</u>", <u>Romanische Forschungen</u>, 74 (1962), pp. 361-384.

17. Diderot, Denis. <u>La Religieuse</u>, p. 36, note L.

18. Dieckmann, Herbert. Introduction à La Préface de <u>La Religieuse</u>, <u>La Religieuse</u>, p. 19.

19. Dieckmann, Herbert. "The Préface-Annexe of <u>La Religieuse</u>", p. 30.

20. Diderot, Denis. <u>La Religieuse</u>, pp. 58-59.

21. Richardson, Samuel. <u>Clarissa, or the History of a Young Lady</u>, Middlesex, Viking, 1985, "Preface".

22. Dieckmann, Herbert. "The Préface-Annexe of <u>La Religieuse</u>", p. 29.

23. Dans la "Préface" de la troisième édition de <u>Clarissa</u>, Richardson, en parlant de l´avantage du roman épistolaire, maintient que l´émotion de l´auteur est essentiel pour émouvoir le lecteur:

> ´Much more lively and affecting´, says one of the principal characters (Vol. IV), ´must be the style of those who write in the height of a present distress; the mind tortured by the pangs of uncertainty (the events

then hidden in the womb of fate); than the dry, narrative, unanimated style of a person relating difficulties and dangers surmounted, can be; the relater perfectly at ease; and if himself unmoved by his own story, not likely greatly to affect the reader.´ (The History of Clarissa Harlowe, London, Henry Sothern & Co, 1885)

A la lumière de ce passage, il est facile de voir que la vraie fonction de l´anecdote de D´Alainville consiste en réflexion théorique sur l´esthétique du roman. Car, en ajoutant l´anecdote de D´Alainville, Diderot semble demander au lecteur: laquelle est plus vraie, l´histoire écrite par le héros qui toutefois n´éprouve aucune émotion, ou celle par un auteur qui s´émeut à tel point?

24. Diderot, Denis. La Religieuse, p. 32. La partie souligné est ajoutée par Diderot. Nous soulignons.

25. Dieckmann, Herbert. "The Préface-Annexe of La Religieuse", p. 27.

26. Mylne, Vivienne. The Eighteenth-Century French Novel: Techniques of Illusion, second edition, p. 9.

27. Dieckmann, Herbert. "The Préface-Annexe of La Religieuse", p. 28.

28. Diderot, Denis. La Religieuse, p. 33.

29. ibid., p. 33.

30. Dieckmann pense qu´il y avait vraiment une lettre qui demande sa présence. Pourtant cela renforce notre soupçon à l´égard de la fidélité de la Préface-Annexe. Pourquoi, s´il y avait d´autres lettres, Grimm ne les présente pas, lui qui insère même une lettre qui n´est pas envoyée? (Voir Dieckmann, "Introduction à la Préface de La Religieuse")

31. Sur la fonction narrative de la Préface-Annexe, voir: Vivienne Mylne, Diderot, ´La Religieuse´. p. 11; Jean Parrish, art. cit., p. 379.

32. Ici, Diderot suit l´exemple de Richardson qui, dans Clarissa, met en valeur les qualités personnelles de l´héroïne en introduisant une multiplicité de voix: vers la fin du roman, les lettres de Colonel Morden et celles de Belford servent surtout à décrire jusqu´à quel point on admire Clarissa pour sa vertu, son amabilité, etc..

II.3. LA VERITE DE L´HOMME NATUREL: <u>LA</u> <u>NOUVELLE</u> <u>HELOISE</u>

1. Rousseau, Jean-Jacques. <u>Julie</u> <u>ou</u> <u>la</u> <u>Nouvelle</u> <u>Héloïse</u>, Paris, Garnier Frères, 1960, "Préface".

2. ibid, p. 3.

3. Longchamps, abbé Pierre Charp. de. <u>Mémoires</u> <u>d´une</u> <u>Religieuse</u>..., Amsterdam, Paris, L´Esclapart le jeune, 1766, cité dans June Moreland Legge, <u>Prefatory</u> <u>Conventions</u> <u>in</u> <u>French</u> <u>Prose</u> <u>Fiction</u> <u>(1760-1767):</u> <u>Some</u> <u>Quantitative</u> <u>Oberservations</u>, p. 142.

4. Anonyme. <u>Lettres</u> <u>de</u> <u>Milord</u> <u>Rodex,</u> <u>pour</u> <u>servir</u> <u>à</u> <u>l´histoire</u> <u>des</u> <u>moeurs</u> <u>du</u> <u>dix-huitième</u> <u>siècle</u>, Amsterdam, Arkstée et Merkus & Paris, De Hansy, 1768, "Avant-Propos de l´Editeur".

5. Marivaux. <u>La</u> <u>Vie</u> <u>de</u> <u>Marianne</u>, Paris, Garnier-Flammarion, p. 49.

6. Constant, Benjamin. <u>Adolphe</u>, Paris, Gallimard, 1957, p. 33.

7. Marivaux. <u>La</u> <u>Vie</u> <u>de</u> <u>Marianne</u>, p. 49.

8. Yahalom, Shelly. "Du non-littéraire au littéraire: sur l´élaboration d´un modèle romanesque au XVIIIe siècle", <u>Poétique</u>, 11 (1980), p. 411.

9. Challes, Robert. <u>Les</u> <u>Illustres</u> <u>Françoises,</u> <u>histoires</u> <u>véritables</u>, Paris, Les Belles Lettres, 1959, p. lxi, cité dans Philip Stewart, <u>Imitation</u> <u>and</u> <u>Illusion</u> <u>in</u> <u>the</u> <u>French</u> <u>Memoir-Novel,</u> <u>1700-1750:</u> <u>The</u> <u>Art</u> <u>of</u> <u>Make-Believe</u>, p. 266.

10. Stewart, Philip. <u>Imitation</u> <u>and</u> <u>Illusion</u> <u>in</u> <u>the</u> <u>French</u> <u>Mémoir-Novel,</u> <u>1700-1750</u>, p. 266.

11. Anonyme. <u>Les</u> <u>Intrigues</u> <u>historiques</u> <u>et</u> <u>galantes</u> <u>du</u> <u>serrail</u> [sic] <u>sous</u> <u>le</u> <u>règne</u> <u>de</u> <u>l´empereur</u> <u>Selim</u>, La Haye et Paris, Duchesne, 1762.

12. Darton, Robert. <u>The</u> <u>Great</u> <u>Cat</u> <u>Massacre</u> <u>and</u> <u>Other</u> <u>Episodes</u> <u>in</u> <u>French</u> <u>Cultural</u> <u>History</u>. New York, Basic Books, 1984, p. 230.

13. ibid., p. 233.

14. ibid., p. 233.

15. Starobinski, Jean. <u>Jean-Jacques</u> <u>Rousseau.</u> <u>La</u> <u>Transparence</u> <u>et</u> <u>l´Obstacle</u>, Paris, Gallimard, 1971, p. 15.

16. ibid., pp. 22-25.

17. ibid., p. 19.

18. Rousseau, Jean-Jacques. La Nouvelle Héloïse, "Préface".

19. ibid., pp. 756-757.

20. ibid., p. 737.

21. D´ailleurs, Susan Jackson voit dans la préface dialoguée "[an] autobiographical fiction" dans laquelle le personnage R, l´homme à vérité personnifie Rousseau tandis que son interlocuteur N incarne Diderot, "un Aristarque sévère et judicieux" qu´il a perdu (Susan K. Jackson, "Test and Context of Rousseau's Relations with Diderot", Eighteenth-Century Studies, 2 [1986/87], pp. 195-219).

22. Rousseau, Jean-Jacques. Les Confessions II, Paris, Garnier-Flammarion, 1968, pp. 190-191.

23. ibid., p. 183. Marc Eigeldinger accentue le caractère réel du monde imaginaire de Rousseau en remarquant: "[chez Rousseau,] la réalité de l´imaginaire l´emporte sur la réalité du monde". (Marc Eigeldinger, Jean-Jacques Rousseau et la Réalité de l´Imaginaire, Neuchâtel, la Baconnière, 1962, p. 7)

24. Legge. op. cit., p. 16.

25. ibid., p. 18.

26. Parrish, Jean. Introduction à La Religieuse, Studies on Voltaire and the Eighteenth Century, 22 (1963), p. 21.

27. Varloot, Jean. Avant Propos, La Religieuse par Denis Diderot, Paris, Herman, 1975.

28. Sherman, Carol. Diderot and the Art of Dialogue, Genève, Droz, 1976, p. 20.

29. Pour la discussion sur "the round character" and "the flat character", voir, E. M. Forster, Aspects of the Novel, San Diego, Harcourt Brace Jovanovich, 1955, pp. 67-78.

30. Skonnord, John. Richardson, Rousseau, Goethe and Laclos. A Study of Four Epistolary Novelists, thèse de doctorat, University of Minesota, 1975, p. 79.

31. Cette indistinction entre l´écrit authentique et la fiction est dûe aussi à la genèse même de La Nouvelle Héloïse. Dans Les Confessions, on voit Rousseau écrire les lettres qui deviennent plus tard La Nouvelle Héloïse non comme une fiction mais comme

une effusion de son âme. D'ailleurs, Rousseau met en valeur la fusion du réel et de l'imaginaire en disant: Ce fut alors que la fantaisie me prit d'exprimer sur le papier quelques-unes des situations qu'elles [les fictions] m'offraient, et rappelant tout ce que j'avais senti dans ma jeunesse, de donner ainsi l'essor en quelque sorte au désir d'aimer que je n'avais pu satisfaire, et dont je me sentais dévoré". (Les Confessions, II, Paris, Garnier-Flammarion, 1968, p. 187)

32. Rousseau, Jean-Jacques. La Nouvelle Héloïse, p. 737.

33. ibid., p. 738.

34. Starobinski, Jean. op.cit., p. 32.

35. Rousseau, Jean-Jacques. La Nouvelle Héloïse, p. 753.

36. ibid., p. 741.

37. Brooks, Peter. The Novel of Worldliness: Crébillon, Marivaux, Laclos, Stendhal, Princeton, Princeton University Press, 1969, p. 148.

38. C'est d'ailleurs une prise de position constante de Rousseau à travers toutes ses oeuvres, surtout dans La Lettre à d'Alembert sur les Spectacles qu'il a écrite au cours même de la rédaction de La Nouvelle Héloïse.

39. Rousseau, Jean-Jacques. La Nouvelle Héloïse, p. 755.

40. Starobinski, Jean. op. cit., p. 60.

II.4. L'EDITEUR DEVIENT DANGEREUX: LES LIAISONS DANGEREUSES

1. Versini, Laurent. Laclos et la Tradition: Essai sur les Sources et la technique des 'Liaisons dangereuses', Paris, Klincksieck, 1968, p. 637.

Pour la perfection de la forme épistolaire qu'ont atteint Les Liaisons dangereuses, voir surtout: Coulet, Henri. "Les Lettres Occultées des Liaisons dangereuses", Revue d'Histoire Littéraire de la France, 82 (1982) p. 601; Fabre, Jean. "Les Liaisons dangereuses, Roman de l'Ironie", Missions et démarches de la Critique, Paris, Klincksieck, 1973, p. 667; Seylaz, Jean-Luc. 'Les Liaisons dangereuses' et la Création romanesque chez Laclos, Genève, Droz, 1958; Rousset, Jean. Forme et Signification, Paris, José Corti, 1982, p. 94.

2. Seylaz, Jean-Luc. ´Les Liaisons dangereuses´ et la Création romanesque chez Laclos, pp. 27-47.

3. Mylne, Vivienne. The Eighteenth-Century French Novel: Techniques of Illusion, second edition, p. 237.

4. Todorov, Tzvetan. Littérature et Signification, Paris, Larousse, 1967, pp. 47-49.

5. Choderlos de Laclos, Pierre-Ambroise-François. Oeuvres Complètes, Paris, Gallimard, 1979, p. 374.

6. Altman, Janet G.. Epistolarity: Approaches to a Form, p. 110.

7. Choderlos de Laclos. Oeuvres Complètes, p. 5.

8. Seylaz, Jean-Luc. op. cit., pp. 16-17.

9. Thelander, Dorothy, R.. Laclos and the Epistolary Novel, Genève, Droz, 1963, p. 130.

10. Wohlfarth, Irving. "The Irony of Criticism and the Criticism of Irony: A Study of Laclos Criticism", Studies on Voltaire and the Eighteenth-Century, 120 (1974), p. 295, note 33.

11. Choderlos de Laclos. Oeuvres Complètes, pp. 3-4.

12. Booth, Wayne C.. A Rhetoric of Irony, Chicago & London, University of Chicago Press, 1974, p. 1.

13. Wohlfarth, Irving. art. cit., p. 270.

14. Fabre, Jean. "Les Liaisons dangereuses, Roman de l´Ironie", Missions et Démarches de la Critiques, Paris, Klincksieck, 1973, p. 656.

15. Thomas. "Jacques le fataliste, Les Liaisons dangereuses and the autonomy of the Novel", Studies on Voltaire and the Eighteenth-Century, 117 (1974), p. 242-243.

16. ibid., p. 242.

17. Brooks, Peter. The Novel of Worldliness: Crébillon, Marivaux, Laclos, Stendhal, p. 173. (Thelander aussi voit dans l´ironie de la préface une mise en garde du lecteur contre certaines idées du roman. Voir Dorothy Thelander, op. cit., pp. 130-131)

18. Brooks, Peter. op. cit., p. 216.

19. Outre Brooks qui met en valeur l´identité fondamentale du discours de l´éditeur et des personnages, les critiques ont remarqué la valeur exemplaire de la double préface dans d´autres

aspects: pour Jean Fabre, la double préface constitue une partie de l'ironie qui caractérise le roman (Fabre, art. cit., p. 656); pour Wohlfarth, c'est un exemple d'un "quasi-epistolary exchange" en ce sens que la double préface met en abîme le jeu de miroirs dont Les Liaisons sont l'exemple le plus parfait (Wohlfarth, art. cit., p. 295).

20. Booth, Wayne C.. The Rhetoric of Fiction, second edition, Chicago, The University of Chicago Press, 1983, pp. 158-159.

III. LA RHETORIQUE DE LA LECTURE:
L'EDITEUR DANS LE CORPS DU ROMAN

III.1. INTRODUCTION

1. Le titre n'appartient pas, à proprement parler, au texte. Si nous ne l'examinons pas séparément, c'est à cause de son affinité fondamentale avec les intertitres qui font définitivement partie du "corps" du texte. D'ailleurs, comme nous l'avons déjà examiné dans la première partie, il ne s'agit que de mentions d'ici ou là.

2. Courtilz, Gatien de, sieur de Sandras. Mémoires de Mr. d'Artagnan, capitaine-lieutenant de la premiere compagnie des mousquetaires du Roi, contenant quantité de choses particulieres et secretes qui se sont passées sous le regne de Louis le Grand, Cologne, Pierre Marteau, 1700, tome 1, "Avertissement".

3. Prévost, Antoine-François. Le Philosophe anglais, ou Histoire de M. Cleveland, Fils Naturel de Cromwel, écrite par lui-même, et traduite de l'anglois. 1731, tome 1, "Préface".

4. Skonnord, John. Richardson, Rousseau, Goethe and Laclos: A Study of Four Epistolary Novelists, p. 163.

5. Voir surtout, Paul de Man, Allegory of Reading: Figural language in Rousseau, Nietzsche, Rilke, and Proust, New Haven, Yale University Press, 1979, p. 196; Dorothy Thelander, Laclos and the Epistolary Novel, pp. 128-129; Peter Brooks, The Novels of Worldliness, p. 153, & pp. 207-8; Réal Ouellet, "La Théorie du Roman épistolaire en France au XVIIIe siècle", Studies on Voltaire and the Eighteenth-Century, 89 (1972), pp. 1209-1227.

6. Même chez un auteur comme Thelander qui voit l'intérêt esthétique des notes, l'analyse n'est pas assez poussée pour pouvoir constituer une étude à part: elle est faite dans le but d'éclairer la sincérité de la préface de sorte que les notes sont mentionnées brièvement, et comme en passant (Thelander, op.

cit., p. 130-131). D'ailleurs, Henry Coulet ne voit dans les notes qu'un moyen de pallier à la "maladresse" des auteurs. ("Lettres occultées des Liaisons dangereuses", Revue d'Histoire Littéraire de la France, 82 [1982], p. 602)

7. Genette, Gérard. Seuils, pp. 293-315.

8. Comme d'ailleurs déclare Bowersock: "a footnote can do more than simply advise the reader of the relevant source of what appears in the texte" (Bowersock, G.W., "The Art of the Footnote", The American Scholar, winter, 1983/84, p. 57).

9. Genette, Gérard. Seuils, p. 314.

10. Benstock, Shari, "At The Margin of Discourse: Footnotes in the Fictional Text", PMLA, 98 (1983), pp. 210-211.

11. Genette, Gérard, Seuils, p. 315.

12. Benstock, Shari. art. cit., p. 205.

13. Montesquieu, Lettres persanes, Garnier-Flammarion, 1964, "Introduction".

14. Stewart, Philip. Imitation and Illusion in the French Mémoires-Novel, 1700-1750: The Art of Make-Believe, p. 63.

15. Maton, Alexis. Mikou et Mezi, conte moral..., La Haye et Paris, Durand neveu, 1765, "Préface".

16. Sur la distinction entre le narrataire intradiégétique ("second-level narratee") et le narrataire extradiégétique ("first-level narratee") dans le roman à éditeur, voir Susan Suleiman, "Of Readers and Narratees: The Experience of Pamela", l'Esprit Créateur, 21 (1981), p. 93.

17. Voir surtout: Ong, Walter J., "The Writer's Audience is Always a Fiction", PMLA, 90 (1975), pp. 9-21; Stephan, Raymond, "The Education of the Reader in Fielding's Joseph Andrews", Philological Quarterly, 61 (1982), pp. 243-58; Suleiman, Susan. "Of Readers and Narratees: The Experience of Pamela", pp. 89-97.

18. Restif de la Bretonne, Nicolas-Edme. La Paysanne pervertie, p. 110. Nous soulignons.

19. ibid., Lettre CXXVIII, p. 428

20. Choderlos de Laclos. Oeuvres Complètes, p. 205.

21. ibid., p. 27

22. Molière. Le Tartuffe, Acte IV, Scène V.

23. Gérard, Philippe-Louis, Le Comte de Valmont, Paris, Moutard, 1774.

24. Restif de la Bretonne. La Paysanne pervertie, p. 394, nous soulignons.

25. ibid., p. 384.

26. Gerald Prince accentue l'importance de ce rapport dans l'image que le lecteur se fait du narrateur quand il remarque: "d'habitude, le caractère d'un narrateur-personnage est révélé par les rapports qu'il institue avec son narrataire -autant- sinon plus - que par tout autre élément dans le récit". (Gerald Prince. "Introduction à l'étude du narrataire", Poétique, 14 [1973], p. 193)

27. Altman, Janet, G. Epistolarity: Approaches to a Form, p. 183.

28. Voir la première partie de cette étude, pp. 38-42.

29. Genette, Gérard. Seuils, p. 273.

30. Voir la première partie de cette étude, pp. 45-49.

III.2. LA PRESENCE INSOLITE: L'INTERVENTION DIRECTE DE L'EDITEUR DANS LA RELIGIEUSE

1. Diderot, Denis. La Religieuse, Oeuvres Complètes de Diderot, p. 275.

2. ibid., p.275, note 120.

3. ibid., p. 275, note 120.

4. ibid., p. 31.

5. Diderot, Denis. Eloge de Richardson, Oeuvres Complètes de Diderot, Paris, Herman, 1980, vol. XVIII, p. 198.

6. ibid., p. 199

7. Genette, Gérard. Figures III, pp. 228-234.

8. Diderot, Denis. La Religieuse, pp. 179-180.

9. Kempf, Roger. Diderot et le Roman, Paris, Seuil, 1964, PP. 36-37.

10. Diderot, Denis. La Religieuse, pp. 281-282.

11. On insiste que la Préface-Annexe termine le roman. Cette opinion est juste en ce sens que comme nous l'avons vu, Diderot fait de la Préface-Annexe une partie intégrale du roman. Pourtant, les mémoires de Suzanne eux-mêmes n'en forment pas moins une oeuvre autonome. Il est vrai qu'ici le sort ultime de Suzanne n'est pas dévoilé. Pourtant, la présence de l'éditeur n'est-elle pas un indice suffisant d'une fin tragique? Diderot est ici plus subtil que Goethe car il utilise seulement des indices suggestifs, sans jamais conclure.

12. Diderot, Denis. Eloge de Richardson, pp. 198-199.

III.3. ROUSSEAU OU LE NOUVEAU LECTEUR

1. Sur la simplicité relative de l'intrigue de La Nouvelle Héloïse, cf. J.-L. Lecercle, Rousseau et l'Art du roman, Paris, A. Colin, 1969, p. 81-84.

2. Rousseau, Jean-Jacques. La Nouvelle Héloïse, p. 739.

3. ibid., p. 739.

4. D'ailleurs, Rousseau en tire une juste fierté:

> La chose qu'on y a le moins vue et qui en fera toujours un ouvrage unique est la simplicité du sujet et la chaîne de l'intérêt qui, concentré entre trois personnes se soutient durant six volumes sans épisode, sans aventure romanesque, sans méchanceté d'aucune espèce, ni dans les personnages, ni dans les actions. (Les Confessions II, p. 314)

5. Lecercle constate dans l'organisation de La Nouvelle Héloïse plusieurs coups de théâtre (op. cit., p. 90). Pourtant, ces coups de théâtre ne sont pas des produits proprement dit de l'organisation: l'ordre des lettres étant strictement chronologique, si le coup de théâtre existe, il est attribuable plutôt à la rédaction même des lettres, qu'au mode de leur classification. Pour mettre au clair cette distinction, il suffirait de nous rappeler l'organisation des lettres finales des Lettres persanes.

6. Première partie, entre les lettres 3 et 4 et troisième partie, dans les lettres 8 à 11. Désormais, nous abrégeons la référence aux lettres de La Nouvelle Héloïse: nous indiquons la partie par le chiffre romain, et la lettre par le chiffre arabe.

7. Seylaz, Jean-Luc. Les Liaisons dangereuses et la Création romanesque chez Laclos, p. 18.

8. Rousseau. La Nouvelle Héloïse, p. 744.

9. Rousset, Jean. Forme et Signification: Essais sur les structures littéraires de Corneille à Claudel, Paris, José Corti, 1962, p. 96.

10. Rousseau. La Nouvelle Héloïse, p. 220.

11. Starobinski, Jean. Jean-Jacques Rousseau: la Transparence et l'Obstacle, seconde édition, p. 367.

12. Rousseau. La Nouvelle Héloïse, p. 220.

13. ibid., p. 43.

14. Graffigny, Mme de. Lettres d'une Péruvienne, Peine, 1748, "Avertissement".

15. Guyon, Bernard. Introduction, Oeuvres Complètes de Jean-Jacques Rousseau II, Paris, Gallimard, 1961, p. lxvii.

16. Rousseau. La Nouvelle Héloïse, p. 145.

17. Rousseau, J-J.. Correspondances Générales de J.-J. Rousseau, t. V, Paris, Armand Colin, 1926, p. 129 (15 juin 1760), cité par Bernard Guyon, Introduction citée, p. lxvii.

18. Rousseau, J.-J.. Essai sur l'Origine des Langues, Paris, Le Graphe, 1967, chap. v, p. 507.

19. ibid.. chap v, p. 508.

20. Ellrich, Robert J.. Rousseau and His Reader: The Rhetorical Situation of The Major Works, Chapel Hill, The University of North Carolina Press, 1969, pp. 40-41.

21. Rousseau. La Nouvelle Héloïse, pp. 542-543.

22. D'ailleurs, Duclos voit une différence fondamentale entre ces deux sortes de lettres quand il dit: "les quatrième et cinquième parties contiennent quatre lettres d'une étendue excessive, dont trois feraient un excellent traité séparé, mais qui ne sera pas lu avec tant de plaisir dans le lieu où il se trouve, parce qu'il suspend un intérêt très vif". (Correspondances Générales, t. V, p. 273, cité par Lecercle, op. cit., p. 71)

23. Guyon, Bernard. Notes et Variantes, Oeuvres Complètes de Jean-Jacques Rousseau, II, p. 1669.

24. Le monde enchanté de Clarens étant essentiellement une société patriarcale, il est naturel que son langage garde toutes les particularités de la langue de l'âge d'or. Selon Starobin-

ski,

>le langage patriarcal préserve le souvenir et le pouvoir des onomatopées archaïques, il a encore le don de persuasion immédiate du cri de la nature, mais déjà il est autre chose en plus; il est capable de désigner, hors du sujet parlant, l'existence indépendante d'une réalité pensée [...]. (op. cit., pp. 374-375)

De ce point de vue, les lettres d'amour mettent en valeur le premier aspect du langage patriarcal tandis que dans les lettres-dissertations de Saint-Preux, le deuxième aspect est prédominant.

25. cf. Peggy Kamuf, <u>Fictions of Feminine Desire: Disclosures of Héloïse</u>, Lincoln and London, University of Nebraska Press, 1982, pp.96-98; David Anderson, "Aspects of motif in <u>La Nouvelle Héloïse</u>, <u>Studies on Voltaire and the Eighteenth-Century</u>, 94 (1972), p. 94; Joan de Jean, " <u>La Nouvelle Héloïse</u>, or the Case for Pedagogical Deviation", <u>Yale French Studies</u>, no. 63 (1982) p. 98.

26. cf. Bernard Guyon, Notes et Variantes, <u>Oeuvres Complètes de Jean-Jacques Rousseau</u>, II.

27. cf. Anne Srabian de Fabry, <u>Etudes autour de 'La Nouvelle Héloïse'</u>, Sherbrooke, Naaman, 1977, p. 162; Bernard Guyon. Notes et Variantes, <u>Oeuvres Complètes de Jean-Jacques Rousseau</u>, II, p. 1587.

28. Rousseau. <u>La Nouvelle Héloïse</u>, p. 342.

29. ibid., pp. 469-470.

30. ibid., p. 492.

31. ibid., p. 665.

32. Van Laere, François. <u>Une Lecture du Temps dans 'La Nouvelle Héloïse'</u>, Neuchâtel, La Baconnière, 1968, pp. 85-86.

33. ibid. p. 85-86.

34. Rousseau. <u>La Nouvelle Héloïse</u>, p. 504.

35. ibid., p. 504.

36. Il existe une exception (VI, 9). Ici, la lettre est précédée par l'en-tête, "de Claire à Julie" sans qu'il existe aucune raison apparente.

37. Van Laere, François. op. cit., p. 93.

38. Rousseau, Jean-Jacques. Les Confessions II, p. 189.

39. Genette, Gérard. Seuils, p. 297.

40. Van Laere, François. op. cit., p. 93.

41. Rousseau. La Nouvelle Héloïse, p. 584.

42. ibid., p. 489.

43. Guyon, Bernard. Notes et Variantes, Oeuvres Complètes de Jean-Jacques Rousseau, II, Paris, Gallimard, 1961, p. 1626.

44. Sur les diverses fonctions des notes de La Nouvelle Héloise, cf. Lecercle, op. cit., pp. 121-124.

45. Rousseau, La Nouvelle Héloïse, p. 669.

46. ibid., p. 244.

47. Guyon, Bernard. Introduction, Oeuvres complètes de Jean-Jacques Rousseau, II.

48. Guyon, Bernard. Notes et Variantes, Oeuvres Complètes de Jean-Jacques Rousseau II, p. 1540.

49. ibid, p. 1601.

50. Guyon, Bernard. Introduction, Oeuvres complètes de Jean-Jacques Rousseau, II, p. lxvi.

51. Lecercle, J-L.. op. cit., p. 122.

52. Ellrich, Robert. op. cit., p. 17.

53. Rousseau. La Nouvelle Héloïse, p. 59.

54. ibid., p. 277.

55. ibid., p. 393.

56. ibid., p. 227.

57. ibid., p. 124.

58. ibid., p. 493.

59. ibid., p. 597.

60. ibid., p. 398.

61. ibid., p. 719.

62. ibid., p. 238.

63. ibid., p. 619.

64. Ellrich, Robert. op. cit., p. 41.

65. Rousseau. La Nouvelle Héloïse, p. 740.

66. ibid., p. 744,

67. Kavanagh, Thomas M.. Writing the Truth: Authority and Desire in Rousseau, Berkeley and Los Angeles, University of California Press, 1987, p. 75.

68. Rousseau, Jean-Jacques. Les Confessions II, p. 169.

III. L´EDITEUR ET L´AMBIGUITE MORALE DES LIAISONS DANGEREUSES

1. Choderlos de Laclos, Pierre-Ambroise-François. Oeuvres Complètes, Paris, Gallimard, 1979, p. 757.

2. On pourrait dire la même chose pour Valmont quoique Mme Riccoboni, primordialement occupée du portrait féminin, n´en parle qu´en passant.

3. Choderlos de Laclos. Oeuvres Complètes, p. 763.

4. Suleiman, Susan Rubin. Authoritarian Fictions: the Ideological Novel as a Literary Genre, New York, Columbia University Press, 1983, pp. 199-237.

5. ibid., pp. 183-197.

6. ibid., p. 206.

7. ibid., p. 216.

8. ibid., p. 224.

9. Voir surtout: Dorothy Thelander, Laclos and the Epistolary Novel, pp. 53-73; Janet G. Altman, Epistolarity, pp. 180-181; Jean-Luc Seylaz, Les Liaisons dangereuses et La Création romanesque chez Laclos, pp. 27-35; Vivienne Mylne, The Eighteenth-Century French Novel: Techniques of Illusion, second edition, pp. 237-238; Donald Rosbottom, Choderlos de Laclos, Boston, Twayne Publishers, 1978, pp. 102-103.

10. Smollett, Tobias. Humphry Clinker, 1960, p. 34.

11. Mylne, Vivienne. The Eighteenth-Century Novel: Techniques of Illusion, p. 244.

12. Dans la série des lettres 96/97, le destinataire influence également notre lecture, quoique pas autant: une partie du plaisir que nous donne la lecture de la lettre 97 vient de ce que nous nous imaginons celui que ressentirait Merteuil en lisant la lettre de Cécile à la lumière de celle de Valmont.

13. Pour le caractère palimpseste de la lecture qui cherche à trouver la trace de la lecture antérieure, voir Peter V. Conroy, Intimate, Intrusive and Triumphant: Readers in the Liaisons dangereuses, Amsterdam, John Benjamins Publishing Company, 1987, pp. 57-59.

14. Biou, Jean. "Une lettre au-dessus de tout soupçon", Laclos et Le Libertinage, PUF, 1983, p. 196.

15. May, Georges. "Racine et Les Liaisons dangereuses", French Review, 23 (May, 1950), pp. 452-461. Voir aussi Laurent Versini, Laclos et la Tradition: Essai sur les sources et la technique des Liaisons dangereuses, Paris, Klincksieck, 1968, p. 87.

16. May lui-même indique le comique de plusieurs situations des Liaisons dans l'article cité et aussi dans "The Witticisms of Monsieur de Valmont", L'Esprit Createur, vol. 3 (1963), pp. 172-180; Jean Biou compare la lettre 48 avec le vaudeville (art. cit., p. 191); Versini voit aussi l'affinité des Liaisons avec les pièces de Molière dans la caractérisation des personnages (op. cit., pp. 216-217).

17. May, Georges. "Racine et Les Liaisons dangereuses", French Review, 23 (1950), p. 454.

18. ibid., p. 454

19. Rousseau, Jean-Jacques. Lettre à M. D'Alembert sur les Spectacles, Du Contrat social, Paris, Garnier Frères, 1962, p. 158.

20. Sur l'emploi du "on" dans cette scène, voir Michel Francard, "Une Scène de Tartuffe, IV, 5: Note sur la nature et le fonctionnement d'un embrayeur particulier, 'on'", Lettres Romanes, 33 (1979), pp. 439-49.

21. Bourgeacq, Jacques. "A partir de la lettre XLVIII des Liaisons dangereuses: analyse stylistique", Studies on Voltaire and the Eighteenth-Century, 183 (1980), pp. 177-188.

22. Choderlos de Laclos. Oeuvres Complètes, p. 214.

23. ibid., p. 213.

24. May, Georges. "Racine et Les Liaisons dangereuses", p. 454.

25. Versini, Laurent. op.cit., p. 393.

26. Selon Didier Masseau, cette surprise vient de ce que "la présidente n'a pas voulu en [de son départ] rendre compte à sa confidente" ("Le Narrataire des Liaisons dangereuses", Laclos et le Libertinage, PUF, 1983, p. 117). Pourtant, cette surprise est plus un effet de l'organisation qu'un élément proprement dit de l'histoire. Car, en réalité, Tourvel a écrit à Mme de Rosemonde, cela avant même que Valmont ne s'aperçoive de rien. Seulement, Laclos voulut placer cette lettre après celle de Valmont.

27. Genette, Gérard. Figures III, p. 207.

28. ibid., p. 208.

29. Delon, Michel. P.-A. Choderlos de Laclos: Les Liaisons dangereuses, Paris, PUF, 1986, p. 33 & 40.

30. Suleiman, Susan. Authoritarian Fictions, p. 223.

31. Choderlos de Laclos. Oeuvres Complètes, p. 118.

32. ibid., pp. 117-118.

33. ibid., p. 21.

34. ibid., p. 21.

35. May, Georges. "The Witticisms of M. de Valmont", p. 29.

36. Wohlfarth, Irving. "The Irony of criticism and the criticism of irony: a study of Laclos criticism", p. 277.

37. Choderlos de Laclos. Oeuvres Complètes, p. 80.

38. Rousseau, Jean-Jacques. La Nouvelle Héloïse, "Préface de Julie ou Entretien sur les Romans", p. 741.

39. Coulet, Henri. "Les Lettres occultées des Liaisons dangereuses", Revue d'Histoire Littéraire de la France, 82 (1982), p. 612.

40. Choderlos de Laclos. Oeuvres Complètes, p. 154.

41. ibid., p. 322.

42. ibid., p. 96.

43. ibid., p. 96.

44. Il est possible que Laclos ajoute cette note par un besoin pratique: il ménage deux publics différents (le public mondain et le public qui estime les sentiments) en atténuant ainsi le point de vue cynique et le point de vue sentimental. Il est aussi possible que ce soit un emblème conscient du glissement construit du langage et des valeurs élevé au niveau de principe romanesque. Ce faisant Laclos crée cependant de l'ambiguïté et laisse le lecteur en suspens sur la vraie position idéologique du "rédacteur".

CONCLUSION

1. Caplan, Jay. Framed Narratives: Diderot's Genealogy of the Beholder, Mineapolis, University of Minnesota Press, 1985, p. 46.

2. ibid., p. 46.

3. ibid., p. 46.

4. Eagleton, Terry. The Rape of Clarissa: Writing, Sexuality and Class Struggle in Samuel Richardson, Mineapolis, University of Minnesota Press, 1982, p. 19.

5. Caplan, Jay. op. cit., p. 54.

6. Durham, Carolyn A.. "The contradictory become coherent: La Religieuse and Paul et Virginie", The Eighteenth-Century: Theory and Interpretation, 23 (1982), p. 234.

7. Eagleton, Terry. op. cit., p. 95.

8. ibid., p. 95.

9. Choderlos de Laclos. Oeuvres Complètes, p. 7.

10. Conroy, Peter V.. Intimate, Intrusive and Triumphant: Readers in the 'Liaisons dangereuses', p. 129, note 8.

11. Miller, Nancy K.. The Heroine's Text: Readings in the French and English Novel, 1722-1782, New York, Columbia University Press, 1980, p. 147.

12. Choderlos de Laclos. Oeuvres Complètes, p. 210.

13. Miller, Nancy K.. op. cit., p. 151.

14. Fort, Bernadette. "Manon's Suppressed Voice: the Use of Reported Speech", <u>Romanic Review</u>, 76 (1985), pp. 173-180.

15. ibid., pp. 176-177.

16. May, Georges. <u>Le Dilemme du Roman au XVIIIe siècle: Etude sur les Rapports du Roman et de la Critique (1715-1761)</u>, p. 243.

17. Miller, Nancy K.. op. cit., p. x.

18. Durham, Carolyn A.. art. cit., p. 232.

19. ibid., pp. 231-232.

BIBLIOGRAPHIE

Altman, Janet Gurkin. Epistolarity: Approaches to a Form, Columbus, Ohio State University Press, 1982.

Anderson, David L. "Aspects of motif in La Nouvelle Héloïse", Studies on Voltaire and the Eighteenth-Century, XCIV (1972), pp. 25-73.

Anonyme. Confidences à une Amie, ou Aventures galantes d'un Militaire, Ecrites par lui-même, Genève, Aux dépens & avec l'approbation de l'Auteur, 1763.

Anonyme. Inconnu, Roman véritable, ou Lettres de M. L'Abbé de *** et de Mademoiselle B***, La Haye, 1765.

Anonyme. Intrigues historiques et galantes du serrail [sic] sous le règnes de l'empereur Selim, La Haye et Paris, Duchesne, 1762.

Anonyme. Lettres de Milord Rodex, pour servir à l'histoire des moeurs du dix-huitième siècle, Amsterdam, Arkstée et Merkus & Paris, De Hansy, 1768.

Anonyme. Les Orphelins de Perse; Histoire orientale, Tirée d'un Manuscrit Persan, & Enrichie de Notes curieuses & instructives, Paris, Valade, 1773.

Anonyme. Saroutaki et Alibek, Histoire traduite du Persan, à l'Orient, aux dépens de la Compagnie, 1752.

D'Aubignac, l'abbé. Le Roman des Lettres, Paris, Baptiste Loyson, 1667.

Baret, Paul. Foka, ou les Métamorphoses, Conte chinois dérobé à M. de V***, à Pékin et à Paris, Veuve Duchesne. 1777.

----------. Le Grelot ou les &c.&c., ouvrage dédié à moi, Partout, aux dépens du public, 1762.

Beaudoin de Guémadeuc. L'Espion dévalisé, Londres, 1782.

Mme Beccari: Lettres de Milady Bedfort, traduites de l'anglais; par Madame de B... G..., Paris, De Hansy le Jeune, 1769.

Beliard, François. Rézéda, Ouvrage orné d'une post-face, par M. B***, Amsterdam, par la Compagnie, 1751.

Belvo. *Lettres au Chevalier de Luzeincour par une Jeune Veuve*, Londres, 1769.

Benstock, Shari, "At The Margin of Discourse: Footnotes in the Fictional Text", *PMLA*, 98 (1983), pp. 204-225.

Biou, Jean. "Une lettre au-dessus de tout soupçon", *Laclos et le Libertinage*, PUF, 1983, pp. 191-206.

Booth, Wayne C.. *The Rhetoric of Fiction*, second edition, Chicago, The University of Chicago Press, 1983.

----------. *A Rhetoric of Irony*, Chicago & London, University of Chicago Press, 1974.

Bourgeacq, Jacques. "A partir de la lettre XLVIII des *Liaisons dangereuses*: analyse stylistique", *Studies on Voltaire and the Eighteenth-Century*, 183 (1980), pp. 177-188.

Bowersock, G.W.. "The Art of the Footnote", *The American Scholar*, winter, 1983/84. pp. 54-62.

Brooks, Peter. *The Novel of Worldliness: Crébillon, Marivaux, Laclos, Stendhal*, Princeton, Princeton University Press, 1969.

Caplan, Jay. *Framed Narratives: Diderot's Genealogy of the Beholder*, Mineapolis, University of Minnesota Press, 1985.

Caylus, Anne-Claude-Phillippe de Tubière, comte de. *Histoire de Guilleaume*, 1737 (?).

Challes, Robert. *Les Illustres Françoises, histoires véritables*, Paris, Les Belles Lettres, 1959.

Chevrier, François-Antoine. *Minakalis, Frangment d'un Conte siamois*, Londres, 1752.

Choderlos de Laclos, Pierre-Ambroise-François. *Oeuvres Complètes*, Paris, Gallimard, 1979.

Conroy, Peter V. jr.."Crébillon fils; techniques of the novel", *Studies on Voltaire and the Eighteenth-Century*, 99 (1972), pp. 1-238.

----------. *Intimate, Intrusive and Triumphant: Readers in the 'Liaisons dangereuses'*, Amsterdam, John Benjamins Publishing Company, 1987.

----------. "Real Fiction: Authenticity in the French Epistolary Novel", *Romanic Review*, 72 (1981), pp. 409-24.

Constant, Benjamin. *Adolphe*, Paris, Gallimard, 1957.

Contant d'Orville, André-Guillaume, *L'Enfant trouvé; ou Mémoires de Menneville*, La Haye, 1763.

Coulet, Henri. "Les Lettres Occultées des *Liaisons dangereuses*", *Revue d'Histoire Littéraire de la France*, 82 (1982). pp. 600-614.

Courtilz, Gatien de, sieur de Sandras. *Mémoires de Mr. d'Artagnan, capitaine-lieutenant de la première compagnie des mousquetaires du Roi, contenant quantité de choses particulieres et secretes qui se sont passées sous le regne de Louis le Grand*, Cologne, Pierre Marteau, 1700.

Crébillon, fils, Claude-Prosper Jolyot de. *Lettres de la Marquise de M*** au Comte de R***, Collection Complète des Oeuvres de M. de Crébillon, fils*, Londres, 1777, tome premier.

Darton, Robert. *The Great Cat Massacre and Other Episodes in French Cultural History*, New York, Basic Books, 1984.

de Jean, Joan. "*La Nouvelle Héloïse*, or the Case for Pedagogical Deviation", *Yale French Studies*, no. 63 (1982), pp. 98-116.

de Man, Paul. *Allegory of Reading: Figural Language in Rousseau, Nietzsche, Rilke, and Proust*, New Haven and London, Yale University Press, 1979.

Delon, Michel. *P.-A. Choderlos de Laclos: 'Les Liaisons dangereuses'*, Paris, PUF, 1986.

Diderot, Denis. *Eloge de Richardson, Oeuvres Complètes de Diderot*, Paris, Herman, 1980, vol. XIII.

----------. *La Religieuse, Oeuvres Complètes de Diderot*, Paris, Herman, 1975, vol. XI (Fiction III).

Dieckmann, Herbert. Introduction à la Préface de *La Religieuse*, *La Religieuse*, par Denis Diderot, Paris, Herman, 1975.

----------. "The Préface-Annexe of *La Religieuse*", *Diderot Studies*, II (1952), pp. 21-40.

Durham, Carolyn A.. "The contradictory become coherent: *La Religieuse* and *Paul et Virginie*", *The Eighteenth-Century: Theory and Interpretation*, 23 (1982), pp. 219-237.

Eagleton, Terry. *The Rape of Clarissa: Writing, Sexuality and Class Struggle in Samuel Richardson*, Mineapolis, University of Minnesota Press, 1982.

Eigeldinger, Marc. Jean-Jacques Rousseau et la Réalité de l'Imaginaire, Neuchâtel, la Baconnière, 1962.

Ellrich, Robert J.. Rousseau and His Reader: The Rhétorical Situation of The Major Works, Chapel Hill, The University of North Carolina Press, 1969.

Fabre, Jean. "Les Liaisons dangereuses, Roman de l'Ironie", Missions et Démarches de la Critique, Paris, Klincksieck, 1973, pp. 651-672.

Fielding, Henry. Joseph Andrews, Boston, Houghton Mifflin Company, 1969.

Forster, E. M.. Aspects of the Novel, San Diego, Harcourt Brace Jovanovich, 1955.

Fort, Bernadette. "Manon's Suppressed Voice: the Use of Reported Speech", Romanic Review, 76 (1985), pp. 172-191.

Framery, Nicolas-Etienne. Mémoires de M. le Marquis de S. Forlaix, recueillis dans les lettres de sa famille par M. Framery, Paris, Fétil, 1770.

Francard, Michel. "Une Scène de Tartuffe, IV, 5: Note sur la nature et le fonctionnement d'un embrayeur particulier, 'on'", Lettres Romanes, 33 (1979), pp. 439-49.

Genette, Gérard. Figures III, Paris, Seuil, 1972.

----------. Nouveau Discours du Récit, Paris, Seuil, 1983.

----------. Palimpseste: La Littérature au Second Degré, Paris, Seuil, 1982.

----------. Seuils, Paris, Seuil, 1987.

Gérard, Philippe-Louis. Le Comte de Valmont, Paris, Moutard, 1774.

Gershman, H. S. et Whitmore, K. B. (éd). Anthologie des Préface de Romans français du XIXe siècle, Paris, Julliard, 1964.

Graffigny, Mme de. Lettres d'une Péruvienne, Peine, 1748.

Guyon, Bernard. Introduction, Oeuvres Complètes de Jean-Jacques Rousseau II, Paris, Gallimard, 1961.

----------. Notes et Variantes, Oeuvres Complètes de Jean-Jacques Rousseau, II.

Jackson, Susan K.. "Test and Context of Rousseau's Relations with Diderot", Eighteenth-Century Studies, 2 (1986/87), pp. 195-219.

Jones, Silas Paul. A List of French Prose Fiction from 1700 to 1750, New York, H.W. Wilson Co., 1939.

Kamuf, Peggy. Fictions of Feminine Desire: Disclosures of Héloïse, Lincoln and London, University of Nebraska Press, 1982.

Kavanagh, Thomas M.. Writing the Truth: Authority and Desire in Rousseau, Berkeley and Los Angeles, University of California Press, 1987.

Kelly, Michael Joseph. The Functional English Preface Through the Eighteenth Century, Thèse de doctorat, University of Massachusetts, 1968.

Kempf, Roger. Diderot et le Roman, Paris, Seuil, 1964.

Lecercle, J-L. Rousseau et l'Art du roman, Paris, A. Colin, 1969.

Lefebvre de Beauvray, Cl-R.. Histoire de Miss Honora ou le Vice dupe de lui-même..., Amsterdam & Paris, Durand, 1766, 5 tomes en 2 vol.

Legge, June Moreland. Prefatory Conventions in French Prose Fiction (1760-1767): Some Quantitative Observations, Thèse de doctorat, University of North Carolina, Chapel Hill, 1972.

Lisé, Emile. "La Religieuse, un roman épistolaire?", Studies on Voltaire and the Eighteenth Century, XCVIII (1972), pp. 143-163.

Loaisel de Tréogate. Valmore, Anecdote française, Paris, Moutard, 1776.

Longchamps, abbé Pierre Charp. de. Mémoires d'une Religieuse..., Amsterdam, Paris, L'Esclapart le jeune, 1766.

Marivaux. La Vie de Marianne ou les Aventures de Madame la Comtesse de ***, Paris, Garnier-Flammarion, 1978.

Massau, Didier. "Le Narrataire des Liaisons dangereuses", Laclos et le Libertinage, PUF, 1983, pp. 111-135.

Maton, Alexis. Mikou et Mezi, conte moral..., La Haye et Paris, Durand neveu, 1765.

Maubert de Gouvest, Jean-Henri. L´Ami de la Fortune ou Mémoires du Marquis de S. A***, Londres, Jehan Nourse, 1754.

----------. L´Illustre Paīsan ou Mémoires et Avantures de Daniel Moginié, natif du village de Chezales au canton de Berne, bailliage de Moudon, Mort à Agra le 22 mai 1748, âgé de 39ans; Omrah de la 1re classe, Commandant de la seconde garde mogole, grand portier du palais de l´empereur, et Gouverneur de Palngĕab; Où se trouvent plusieurs particularités, Anecdotes des dernières Révolutions de la Perse & de l´Indostan, & du règne de Thamas-Kouli-Kan. Ecrit & adressé par lui-même à son Frère François, son Légataire & Publiés par Mr. Maubert. A Lausanne, Au Dépens de la Compagnie, 1761 (l´édition originale, 1754).

May, Georges. Le Dilemme du roman au XVIIIe siècle: Etude sur les Rapports du Roman et de la Critique (1715-1761), New Haven, Yale University Press & Paris, PUF, 1963.

----------. "Histoire a-t-elle engendré le Roman? Aspects français de la Question au Seuil du Siècle des Lumières", Revue d´Histoire Littéraire de la France, 55 (1955), pp. 155-176.

----------. "Racine et Les Liaisons dangereuses", French Review, 23 (1950), pp. 452-461.

----------. "The Witticisms of Monsieur de Valmont", L´Esprit Createur, 3 (1963), pp. 172-180.

Miller, Nancy K., The Heroine´s Text: Readings in the French and English Novel, 1722-1782, New York, Columbia University Press, 1980.

Montesquieu. Lettres persanes, Paris, Garnier-Flammarion, 1964.

Mylne, Vivienne G.. Diderot, ´la Religieuse´, London, Grant & Cutler Ltd., 1981.

----------. The Eighteenth-Century French Novel: Techniques of Illusion, second edition, Cambridge, Cambridge University Press, 1981.

----------. "Truth and Illusion in the ´Préface-Annexe´ to Diderot´s la Religieuse", Modern Language Review, 57 (1962), pp. 350-356.

Ong, Walter J., "The Writer´s Audience is Always a Fiction", PMLA, 90 (1975), pp. 9-21.

Ouellet, Réal. "La Théorie du roman épistolaire en France au XVIIIe siècle" Studies on Voltaire and the Eighteenth

Century, 89 (1972) pp. 1207-1227.

Parrish, Jean. "Conception, Evolution, et Forme finale de La Religieuse", Romanische Forschungen, 74 (1962), pp. 361-384.

----------. Introduction à La Religieuse, Studies on Voltaire and the Eighteenth Century, 22 (1963). pp. 13-55.

Prévost, Antoine-François. L'Histoire d'une Greque moderne, Amsterdam, Desbordes, 1740.

----------. Le Philosophe anglois, ou Histoire de M. Cleveland, Fils Naturel de Cromwel, écrite par lui-même, et traduite de l'anglois. Paris, Didot, 1731.

Prince, Gerald. "Introduction à l'étude du narrataire", Poétique, 14 (1973), pp. 178-196.

Ratner, Moses. Theory and Criticism of the Novel in France from 'Astrée' to 1750, New York: De Palma, 1938.

Restif de la Bretonne, Nicolas-Edme. Le Nouvel Abeilard; ou Lettres de deux amans qui ne se sont jamais vus, Neuchâtel, Veuve Duchesne, 1783.

----------. La Paysanne Pervertie ou les Dangers de la Ville, Paris, Garnier-Flammarion, 1972.

Richardson, Samuel. The History of Clarissa Harlowe, London, Henry Sothern & Co, 1885.

----------. Clarissa, or the History of a Young Lady, Middlesex, Viking, 1985.

Ringler, Susan Jane. Narrators and Narrative Contexts in Fiction, Thèse de doctorat, Stanford University, 1981.

Rosbottom, Donald. Choderlos de Laclos, Boston, Twayne Publishers, 1978.

Rousseau, Jean-Jacques. Correspondances Générales de J.-J. Rousseau, Paris, Armand Colin, 1926.

----------. Essai sur l'Origine des Langues, Paris, Le Graphe, 1967.

----------. Julie ou La Nouvelle Héloïse, Paris, Garnier Frères, 1960.

----------. Lettre à M. D'Alembert sur les Spectacles, Du Contrat social, Paris, Garnier Frères, 1962.

Rousset, Jean. *Forme et Signification*, Paris, José Corti, 1962.

Rustin, Jacques. "Mensonge et Vérité dans le Roman français du XVIIIe siècle", *Revue d'Histoire Littéraire de la France*, 69 (1969), pp. 13-38.

Sainte-Beuve. *Volupté*, Paris, Garnier-Flammarion, 1969.

Scott, Sir Walter. *Redgauntlet, a Tale of the Eighteenth Century*, Paris, Baudry's Foreign Library, 1832, (l'édition originale, 1824).

Sekrecka, Mieczyslawa. "L'Ascension du roman au XVIIIe siècle", *Romanica Wratislaviensia*, 10 (1975), pp. 37-57.

Seylaz, Jean-Luc. *'Les Liaisons dangereuses' et la Création romanesque chez Laclos*, Genève, Droz, 1958.

Sherman, Carol. *Diderot and the Art of Dialogue*, Genève, Droz, 1976.

Skonnord, John. *Richardson, Rousseau, Goethe and Laclos. A Study of Four Epistolary Novelists*, thèse de doctorat, University of Minesota, 1975.

Smollett, Tobias. *Humphry Clinker*, New York, New American Library, 1960.

Srabian de Fabry, Anne. *Etudes autour de 'La Nouvelle Héloïse'*, Sherbrooke, Naaman, 1977.

Starobinski, Jean. *Jean-Jacques Rousseau. La Transparence et l'Obstacle*, Paris, Gallimard, 1971.

Stephan, Raymond. "The Education of the Reader in Fielding's *Joseph Andrews*", *Philological Quarterly*, 61 (1982), pp. 243-58.

Stewart, Joan Hinde. Introduction, *Lettres de Mistriss Fanni Butlerd*, par Mme Riccoboni, Genève, Droz, 1979.

Stewart, Philip. *Imitation and Illusion in the French Mémoires-Novel, 1700-1750: The Art of Make-Believe*, New Haven and London, Yale University Press, 1969.

Suleiman, Susan Rubin. *Authoritarian Fictions: the Ideological Novel as a Literary Genre*, New York, Columbia University Press, 1983.

----------. "Of Readers and Narratees: the Experience of *Pamela*", *L'Esprit Créateur*, 21 (1981), pp. 89-97.

Thelander, Dorothy, R.. <u>Laclos and the Epistolary Novel</u>, Genève, Droz, 1963.

Thomas, Ruth P.. "<u>Jacques le fataliste</u>, <u>Les Liaisons dangereuses</u> and the autonomy of the Novel", <u>Studies on Voltaire and the Eighteenth-Century</u>, 117 (1974), pp. 239-249.

Todorov, Tzvetan. <u>Littérature et Signification</u>, Paris, Larousse, 1967.

Van Laere, François. <u>Une Lecture du Temps dans 'La Nouvelle Héloïse'</u>, Neuchâtel, La Baconnière, 1968.

Varloot, Jean. Avant Propos, <u>La Religieuse</u> par Denis Diderot, Paris, Herman, 1975.

Versini, Laurent. <u>Laclos et la Tradition: Essai sur les Sources et la Technique des 'Liaisons dangereuses'</u>, Paris, Klincksieck, 1968.

Wohlfarth, Irving. "The Irony of Criticism and the Criticism of Irony: A Study of Laclos Criticism", <u>Studies on Voltaire and the Eighteenth-Century</u>, 120 (1974), pp. 269-317.

Yahalom, Shelly. "Du non-littéraire au littéraire: Sur l'élaboration d'un modèle romanesque au XVIIIe siècle", <u>Poétique</u>, 11 (1980), pp. 406-421.